“十二五”职业教育国家规划教材
经全国职业教育教材审定委员会审定

制冷和空调设备与技能训练

主　编　曾　波
副主编　陈海强
参　编　何嘉维　李吉庆　刘俏苑
主　审　王启祥

机械工业出版社
CHINA MACHINE PRESS

本书是经全国职业教育教材审定委员会审定的“十二五”职业教育国家规划教材，是根据教育部于2014年公布的《中等职业学校制冷和空调设备运行与维修专业教学标准》，同时参考制冷设备维修工职业资格标准编写的。本书图文并茂，有针对性地介绍了制冷压缩机，制冷系统热交换设备，节流机构、阀件与液位指示器制冷系统的辅助设备的结构、工作原理和特点。特别针对职业技能精心编制出十项重要的制冷作业操作技能训练，尤其针对制冷系统安装结束后调试困难的情况给出了热力膨胀阀整定与系统调试方法，以及毛细管长度的测定等经验操作，满足了各类学员的需要。

本书可作为中等职业学校制冷和空调设备运行与维修专业的专业教材，也可作为制冷与空调岗位的培训教材。

为便于教学，本书配套有助教课件等教学资源，选择本书作为教材的教师可来电（010-88379193）索取，或登录 www.cmpedu.com 网站，注册、免费下载。

图书在版编目（CIP）数据

制冷和空调设备与技能训练/曾波主编. —北京：机械工业出版社，2015.7（2022.1 重印）

“十二五”职业教育国家规划教材

ISBN 978-7-111-52061-0

Ⅰ.①制… Ⅱ.①曾… Ⅲ.①制冷装置-中等专业学校-教材②空气调节设备-中等专业学校-教材 Ⅳ.①TB657②TU831.4

中国版本图书馆CIP数据核字（2015）第259710号

机械工业出版社（北京市百万庄大街22号 邮政编码100037）
策划编辑：汪光灿 责任编辑：汪光灿 责任校对：杜雨霏
封面设计：张 静 责任印制：李 昂
北京捷迅佳彩印刷有限公司印刷
2022年1月第1版·第3次印刷
184mm×260mm·7.75印张·187千字
2601—3600册
标准书号：ISBN 978-7-111-52061-0
定价：25.00元

电话服务
客服电话：010-88361066
010-88379833
010-68326294

网络服务
机 工 官 网：www.cmpbook.com
机 工 官 博：weibo.com/cmp1952
金 书 网：www.golden-book.com
机工教育服务网：www.cmpedu.com

前 言

本书是根据教育部《关于中等职业教育专业技能课教材选题立项的函》（教职成司［2012］95号），由全国机械职业教育教学指导委员会和机械工业出版社联合组织编写的“十二五”职业教育国家规划教材，是根据教育部于2014年公布的《中等职业学校制冷和空调设备运行与维修专业教学标准》，同时参考制冷设备维修工职业资格标准编写的。

本书主要介绍制冷压缩机、热交换设备、节流装置以及各类辅助装置的结构、工作原理和特点，重点强调培养制冷作业安装、调试、安全操作的动手能力。本书编写过程中力求体现以下的特色。

1. 执行新标准　本书依据最新教学标准和课程大纲，满足制冷专业方向、空调设备安装与维修专业方向和中央空调运行管理专业方向培养的需要，对接职业标准和岗位需求，符合制冷设备维修工中、高级和技师职业资格考核标准。

2. 体现新模式　本书采用理实一体化的编写模式，有针对性地编制出十项重要的制冷作业操作技能训练，突出“做中教，做中学”的职业教育特色。

3. 解决现实困难　针对制冷系统易安装难调试的情况，给出了热力膨胀阀整定调试，以及毛细管长度的测定等经验操作方法，满足了工程技术人员的学习需要。

本书在内容处理上主要有以下几点说明：①简单阐述工作原理，分清结构，细述特点；②基本剥离深奥的理论分析，几乎没有晦涩的数学公式；③技能训练都是从实践工作和教学中提炼出来的；④本书建议学时为60学时。

全书共4单元，由广东省轻工职业技术学校曾波主编，由王启祥主审。编写人员及具体分工如下：广东省海洋工程职业技术学校陈海强、何嘉维编写单元一和单元四，广东省轻工职业技术学校曾波和广东省海洋工程职业技术学校李吉庆编写单元二，广东省轻工职业技术学校曾波和广东省海洋工程职业技术学校刘俏苑编写单元三。

本书经全国职业教育教材审定委员会审定，评审专家对本书提出了宝贵的建议，在此对他们表示衷心的感谢！编写过程中，编者参阅了国内出版的有关教材和资料，在此一并表示衷心感谢！

由于编者水平有限，书中不妥之处在所难免，恳请读者批评指正。

编　者

目录

单元一

制冷压缩机

内容构架

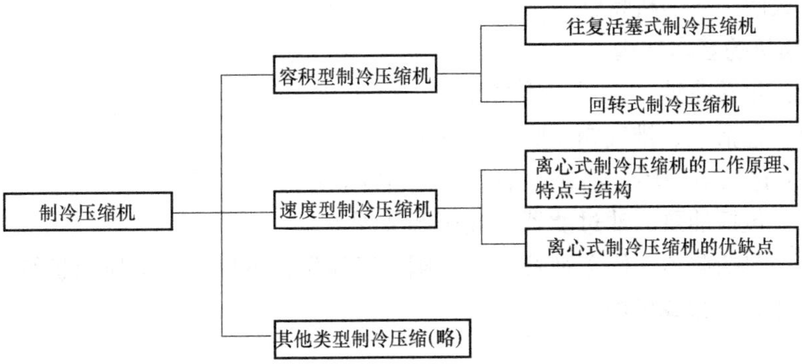

学习引导

目的与要求

1）掌握往复活塞式制冷压缩机、回转式制冷压缩机的结构特点与工作原理。

2）掌握离心式制冷压缩机的结构特点与工作原理。

重点与难点

重点：往复活塞式和离心式制冷压缩机结构性能与工作原理。

难点：往复活塞式制冷压缩机的拆装和性能测试，压缩机的基本维护。

课题一　容积型制冷压缩机

【知识要点】

1）掌握往复活塞式制冷压缩机的基本结构、工作原理及特点。

2）了解回转式制冷压缩机（转子式、滑片式、涡旋式、螺杆式）的种类，掌握其基本结构、工作原理及特点。

【相关知识】

在容积型压缩机中，一定容积的气体先被吸入到气缸里，继而在气缸中其容积被强制缩小，压力升高，当达到一定压力时气体便被强制从气缸排出。由此可见，容积型制冷压缩机的吸排气过程间歇进行，其流动并非连续稳定的。

容积型制冷压缩机按其压缩部件的运动特点可分为两种形式：往复活塞式（简称活塞式）和回转式。后者又可根据其压缩机的结构特点分为滚动转子式（简称转子式）、滑片式、螺杆式、涡旋式等。

一、往复活塞式制冷压缩机

往复活塞式制冷压缩机历史悠久，是制冷行业中应用最广泛、技术最成熟的压缩机，其特点是调节方便，在大小机组上都能较好地配用，结构简单。下面从结构、原理以及常见故障来阐述活塞式制冷压缩机特性。

（一）压缩机的基本结构

运动部分：包括曲轴、连杆、活塞等。

配气部分：包括吸、排气阀，吸、排气通道等。

密封部分：包括活塞环、轴封、垫片、填料等。

润滑部分：包括油泵、油过滤器、油压调节阀等。

安全部分：包括假盖、假盖弹簧、安全阀、高压保护继电器、油压保护继电器等。

能量调节部分：卸载机构。

1. 机体

机体就是压缩机的机身，它由气缸体、曲轴箱、气缸盖等组成。图1-1所示吸气腔就是气缸体的内腔，吸入气体通过吸气腔时可以冷却气缸套，散热条件好。排气腔在气缸体上端，吸、排气腔之间有隔板分开。对于单机双级压缩机，高、低压级的吸、排气腔之间都有隔板分开。气缸盖对气缸上部起着密封作用，它和机体、假盖一起形成了高压蒸气的排气腔。在拆卸气缸盖时，应防止假盖弹簧将气缸盖弹出砸伤人。气缸盖螺栓中有两个长螺栓，在拆卸时先松开短螺栓，再松动长螺栓，慢慢释放弹簧的弹力。

气缸体下部是曲轴箱，内装曲轴和冷冻油以及粗油过滤器，曲轴箱与低压级吸气腔相通。曲轴箱两侧有手孔，方便拆装连杆。机体前后端开有两个轴承座孔，安装前后轴承座。

2. 气阀缸套部件

大中型压缩机的气缸工作镜面不是和机体铸在一起，另配有可单独装配的气缸套，这样做有以下几点好处：

1）气缸套耗材少，可以采用优质材料或表面镀铬，来提高气缸镜面的耐磨性。

2）如气缸镜面磨损到超过允许范围，只需要更换气缸套，因而既节省修理费用，又简单省时。

3）可以简化气缸体、曲轴箱的结构，从而便于铸造。气阀是控制气缸中依次进行压缩、排气、膨胀、吸气的控制机构。其性能的好坏直接影响压缩机的制冷量、功耗和运转的

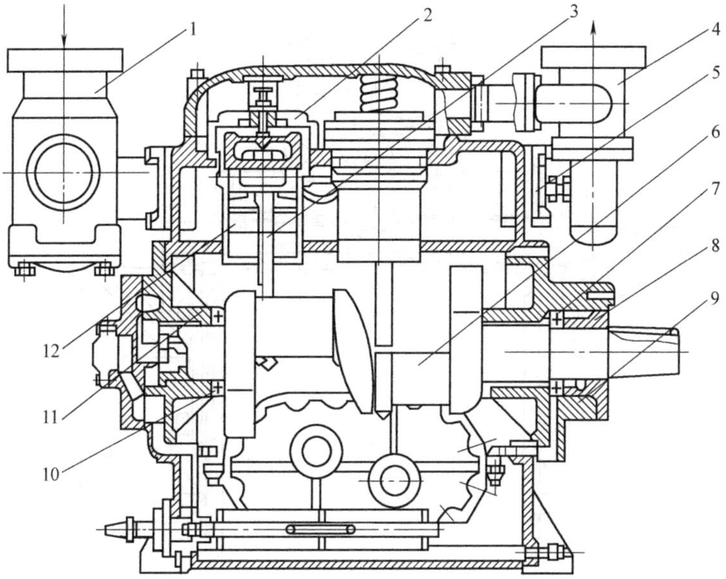

图 1-1 活塞式制冷压缩机机体结构示意图

1—吸气管 2—假盖 3—连杆 4—排气管 5—气缸体 6—曲轴 7—前轴承 8—轴封 9—前轴承盖 10—后轴承 11—后轴承盖 12—活塞

可靠性。

目前活塞压缩机气阀多数采用环状阀，图 1-2 所示为环状阀的结构。它由阀座、阀片、升程限制器（限位器）、气阀弹簧等组成。它的开启和关闭主要靠阀片两侧的压力差来实现，因此，这种阀又称为自动阀。

气阀按其作用不同，分为排气阀和吸气阀。排气阀的阀座分为内、外阀座两部分。外阀座用螺钉与气缸套（图 1-3）一起固定在机体上，而内阀座用螺钉和假盖固定在一起。排气阀的两条密封线分别位于内、外阀座上，排气阀片上压有数个阀片弹簧，它的升程限制器是个假盖。吸气阀的阀座位于气缸套的凸缘上形成的两圈凸出宽度为 1.5mm 左右的密封面（又称阀线）上。阀线之间有一环形凹槽，槽中有均布的吸气孔与吸气腔相通。吸气阀片也压有阀片弹簧。排气外阀座的下端面就是吸气阀的升程限制器。

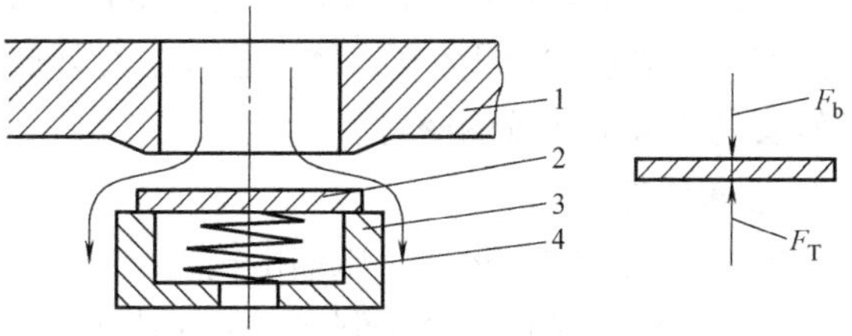

图 1-2 环状阀结构

1—阀座 2—启闭元件 3—升程限制器 4—弹簧

因为吸、排气压力不同，吸、排气阀片弹簧的弹力也不同，装配时应注意区分。阀片弹簧呈锥形，大头装到弹簧座中，应旋转安装。假盖被假盖弹簧紧紧压在排气阀座上。作用是：当气缸内产生液击（液体制冷剂或润滑油大量吸入气缸时，由于液体的不可压缩，活塞的运动使液体产生巨大的冲击力）时，假盖被气缸内的压力顶起，打开一条额外的通道，让气缸内液体迅速排出，避免事故，起到安全阀的作用。活塞压缩机最大的安全隐患就是回

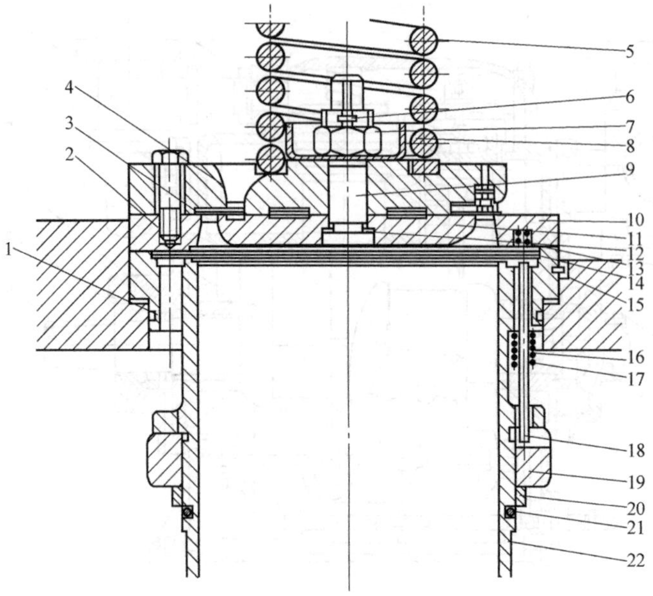

图 1-3　气阀缸套

1—调整垫片　2—螺栓　3—排气阀片　4—阀盖　5—安全弹簧　6—开口销　7—螺母　8—刨碗　9—中心螺栓　10—外阀座　11—内阀座　12—垫片　13—吸气阀弹簧　14—吸气阀片　15—圆柱销　16—顶杆弹簧　17—开口销　18—顶杆　19—转动环　20—垫圈　21—弹性圈　22—气缸套

液，操作时应尽量避免。气缸套内腔是气体在其内压缩、膨胀的部位，对活塞起导向作用，直接承受气体压力和活塞的侧压力，是压缩机最重要的摩擦面之一，其内径尺寸及圆度超差就需要更换。气缸套通过螺钉或定位销固定在机体上，可以通过气缸垫片的厚度来调整活塞上死点间隙（余隙）。因为气缸体内腔（缸套外侧）与曲轴箱相通，安装高压级气缸时，机体与缸套之间应加橡胶圈密封。

3. 活塞部件

活塞在气缸内往复运动，压缩由气缸、阀片等组成的封闭容积内的气体。为减少往复运动的惯性力，活塞常用铝合金制成，并做成中空形式。它由顶部、环部、裙部和销座四部分组成，如图 1-4 所示。

活塞顶部呈凹形（与吸气阀凸起相配合），上面有起吊螺孔。它承受蒸气压力。环部开有环槽，在其中放置气环和油环，油环槽的内壁圆周上开有很多回油孔，从气缸壁上刮下的润滑油可通过油环流回曲轴箱。裙部略粗，在气缸中起导向作用并承受侧压力。活塞销座位于裙部，装配活塞销使活塞与连杆小头相连，如图 1-5 所示。

（1）活塞环　活塞环分为气环和油环两种，通常是两个气环和一个油环。气环的作用是密封蒸气，减少气缸内的高压气体通过活塞与气缸的间隙泄漏到曲轴箱中。油环的作用是将气缸内壁的油刮下流回曲轴箱。为保证活塞环在气缸中有足够的弹力，在自由状态时，它的直径比气缸直径大。在压入环槽并进入气缸后，锁口间隙及其与环槽的轴向间隙有严格要求，过大或过小都会影响压缩机的正常工作，必须更换。

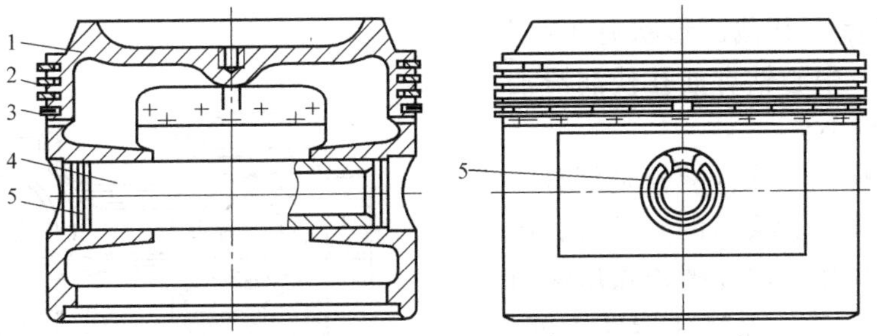

图 1-4 活塞结构

1—活塞 2—气环 3—油环 4—活塞销 5—弹簧挡圈

（2）活塞销 是活塞与连杆小头的连接体。当活塞往复运动时，它在活塞销座和连杆小头衬套中相对转动而承受磨损。为减少活塞销的磨损，常采用浮动式配合方式，即活塞销在销座和小头衬套中都没有固定，可自由转动。为防止浮动活塞销轴向窜动伸出活塞擦伤气缸，在销座两端的环槽内装上弹簧挡圈予以阻挡。

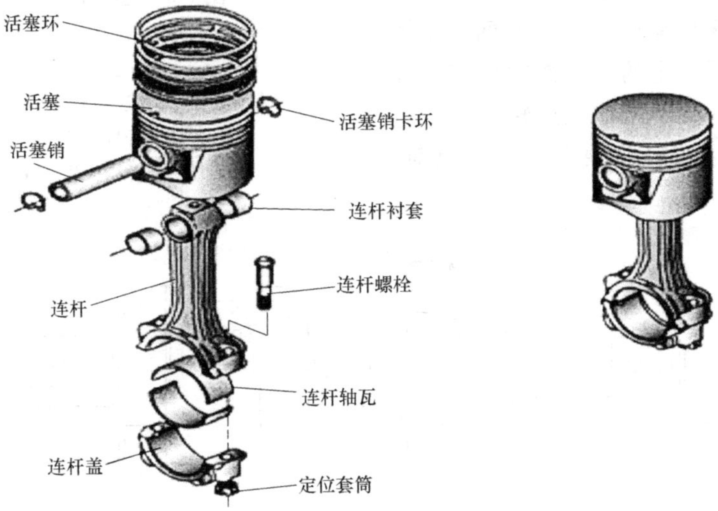

图 1-5 活塞连杆组件

4. 连杆部件

连杆是将曲轴的旋转运动转化为活塞往复运动的中间连接体，把动力传给活塞对蒸气做功。

连杆部件一般可分为四部分：连杆小头、连杆大头、连杆体、连杆螺栓，如图 1-6 所示。

（1）连杆小头 连杆小头一般都是整体式结构，其内摩擦面装配轴承衬套，衬套材料一般采用磷青铜。小头轴承的润滑一般是靠从连杆体内钻孔输送过来的润滑油进行压力润滑。高压级气缸的压力比较大，连杆小头常采用滚针轴承结构，以提高使用寿命。同时，为减小耗油量，润滑方式也采用飞溅润滑。

（2）连杆大头 连杆大头是连杆与曲轴连接的一端。除小型压缩机的连杆大头为整体式外，其余大部分为剖分式结构。在与曲轴销相配合的连杆大头内孔里一般装有薄壁轴瓦。

（3）连杆体　其截面形状有工字形、圆形和矩形等。中心钻有油孔使润滑油由大头经油孔送到小头。

（4）连杆螺栓　连杆螺栓是剖分式连杆大头中用以连接大头盖的紧固件，起着定位大头盖的作用。连杆螺栓在压缩机运转时受力非常严重，如果在运转中断裂，会造成压缩机的严重破坏。为了防止连杆螺栓在运转中松动，连杆螺母必须设有防松装置。严禁用其他螺栓替代连杆螺栓。

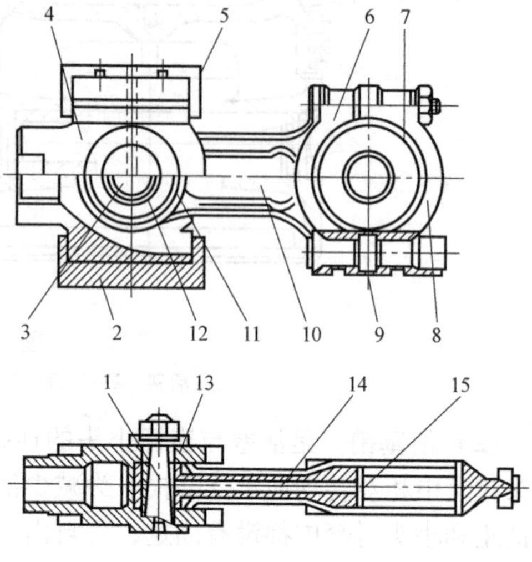

图 1-6　连杆十字头部件

1、3—十字头销　2、5—上、下滑板　4—十字头　6—连杆大头　7、15—连杆大头瓦　8—连杆上瓦盖　9—连杆螺栓　10—杆身　11—连杆小头　12、13—连杆小头瓦　14—油道

5. 曲轴

曲轴是压缩机的一个重要零件，压缩机消耗的功率就是通过曲轴输入的，它是主要的受力部件。曲轴（图 1-7）由曲柄、曲柄销和主轴颈、平衡块四部分组成。平衡块是用以平衡压缩机运转时曲柄、曲柄销及部分连杆所产生的旋转惯性力和惯性力矩，其目的是减小压缩机运转时所产生的振动，也可以减轻曲轴主轴承的负荷，减小磨损。

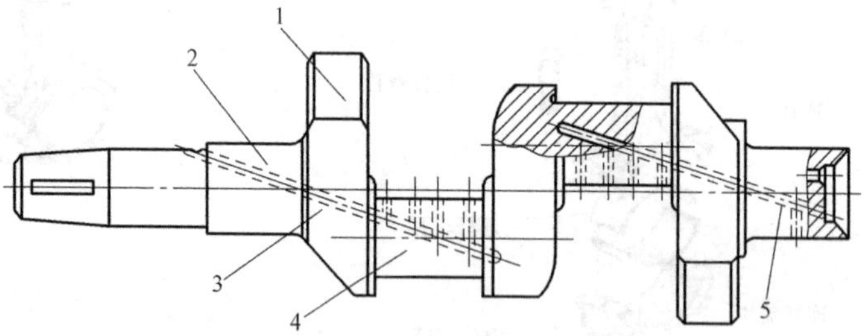

图 1-7　曲轴

1—平衡块　2—主轴颈　3—曲柄　4—曲柄销　5—油道

6. 轴封

对于开启式压缩机，驱动轴的一端要伸出机体外部，为了防止制冷剂向外泄漏或空气渗漏入系统，必须在轴的伸出部位及机体之间设置轴封装置。图 1-8 所示的弹簧式轴封，由动环、静环、弹簧、弹簧座、压环和 O 形密封圈组成。

为了润滑动、静环之间的密封面，减少渗漏并带走热量，轴封室内充满润滑油，通过油泵把油不断地输送到轴封，然后通过曲轴上的油孔流向主轴颈及曲柄销。因为曲轴是处在曲轴箱内，轴封所处压力为低压级（吸气压力），所以要求油压比吸气压力（低压级）高 0.15 ~0.3MPa 。

注意事项：对于氟利昂压缩机，O 形圈应使用耐氟橡胶；轴封有少量渗漏是允许的。

7. 能量调节机构

压缩机能量调节的方法主要有：

1）改变压缩机转速——需要变频器，影响油压。

2）压缩机间隙运行——温度、压力变化大，操作麻烦。

3）压缩机吸气节流——压缩机经济性降低。

4）顶开吸气阀片——方便、经济，可实现卸载起动。

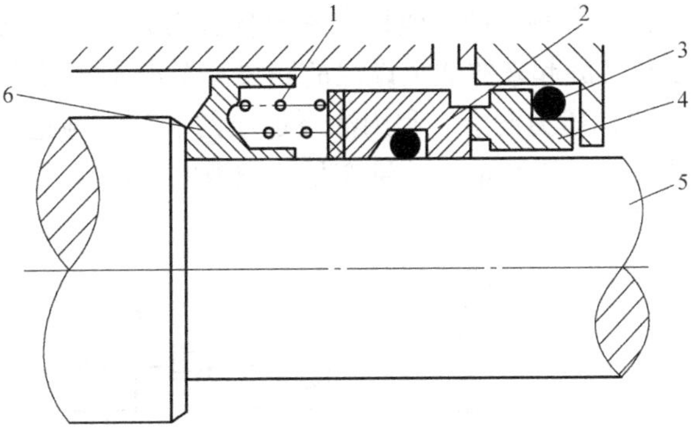

图 1-8　弹簧式轴封结构

1—弹簧　2—动环　3—O 形密封圈　4—静环　5—轴　6—压环

顶开机构（图 1-9）的工作原理是通过顶杆将部分气缸的吸气阀片顶起，这几个气缸在吸气之后进行压缩时，由于吸气阀片不能关闭，气缸中压力不能形成，排气阀片始终不能打开，被吸入的气体没有得到压缩就经过打开的吸气阀片又排回到吸气腔中。因此，这部分气缸不能实现通过排气达到改变压缩机排量的作用。

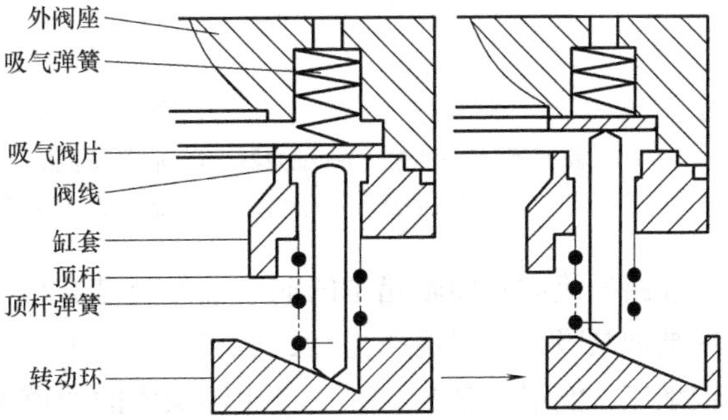

图 1-9　顶开机构

能量调节装置由能量控制阀和卸载机构两部分组成，两者之间通过油管相连，并用油泵输出的压力油作为动力。卸载机构（图 1-10）是一套装在压缩机内部的液力传动机构，主要由油缸、油活塞、拉杆、弹簧、转动环以及顶杆等组成。拉杆上的凸环嵌在气缸套外部的转动环中。

注意事项：高、低压级油缸要有所区别，压缩机左右两侧气缸外的转动环上斜槽方向不同。

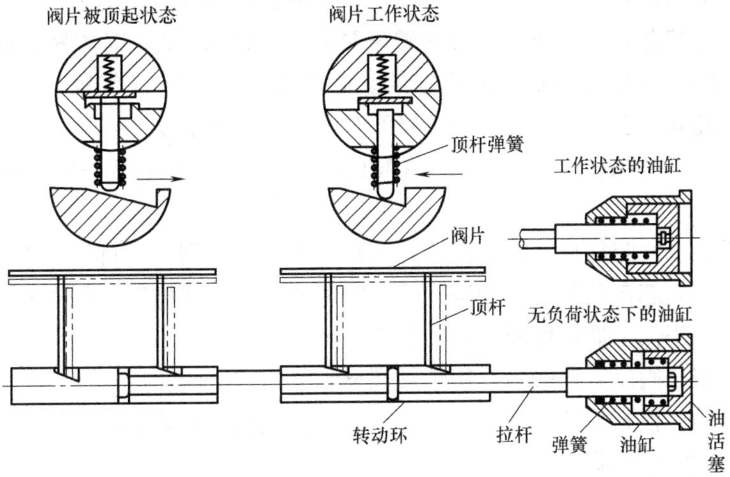

图 1-10　卸载机构

8. 润滑系统

润滑系统（图 1-11）的润滑方式通常分为飞溅润滑和压力润滑。

（1）飞溅润滑　借助曲轴连杆机构的运动，把曲轴箱中的润滑油甩向需要润滑的表面，或是让飞溅起来的油按设定的路线流至需要润滑的表面。

（2）压力润滑　利用油泵加压的润滑油通过输油管路输送到需要润滑的摩擦面。这种供油方式油压稳定，油量充足，润滑安全可靠。

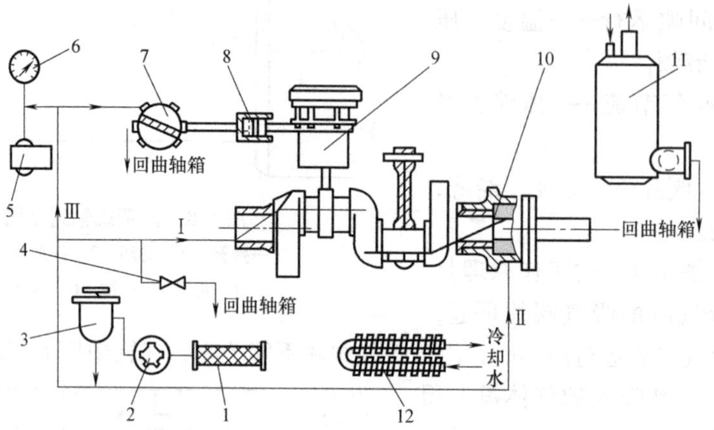

图 1-11　润滑系统

1—粗滤器　2—油泵　3—细滤器　4—油压调节阀　5—油压差控制器　6—压力表　7—油分配阀　8—卸载油缸　9—活塞、连杆及缸套　10—油封　11—油分离器　12—油冷却器

油路的流向：曲轴箱中的润滑油经过装在曲轴箱底部的滤网式（粗）油过滤器和三通阀后被油泵吸入，提高压力后，经梳片式（精）油滤油器滤去杂质后分成两路：一路去后主轴承座，润滑主轴颈，并通过主轴颈内的油道去相邻的一个曲柄销润滑该曲柄销上的连杆大头轴瓦，再通过连杆体中的油孔输送到连杆小头衬套，润滑活塞销，这一路在后轴承座上设有油压调节阀，一部分油经过油压调节阀旁通流回到曲轴箱；另一路进入轴封箱，润滑和冷却轴封摩擦面并形成油封，然后进入前主轴承，润滑主轴颈及相邻曲柄销。此外再从轴封箱引出一路，供给卸载装置的油分配阀，作为能量调节机构的液压动力。

油泵：常用内啮合转子式油泵（简称转子泵），由曲轴驱动，对旋转方向有要求。压缩机的电动机的旋转方向是由油泵转向决定的。曲轴箱压力过低（气蚀）或油泵磨损过大，都会影响油压的建立。若蒸发温度低于 $-45^\circ C$ 时常采用外置油泵。

注意事项：（精）油过滤器的操作；油压的调整；油压不足时要进行分析和检修。

9. 安全阀

安全阀设置在吸气腔与排气腔之间，是一种压差式安全阀。当排气压力与吸气压力的差值超过规定值时，阀芯自动起跳，使吸、排气腔相通，高压气体泄向低压腔，起保护压缩机的作用；当压差减小低于规定值时，阀芯自动关闭。

注意事项：安全阀压力调整后，用锁紧螺母锁紧，拧上阀帽后铅封，禁止随意调整设定值；安全阀起跳后，很容易造成泄漏。因此，起跳后须检修后才能再度使用。

（二）压缩机的工作原理

1. 理想工作过程

在分析活塞式压缩机的工作过程中，可以先把实际过程简化成理想工作过程。简化时假定：

1）压缩机没有余隙容积。

2）吸、排气过程没有容积损失。

3）压缩过程是理想的绝热过程。

4）无泄漏损失。

这样，压缩机的理想工作过程可用图 1-12 所示的 p-V 图来表示，纵坐标表示压力 p，横坐标表示活塞在气缸中移动时形成的容积 V。

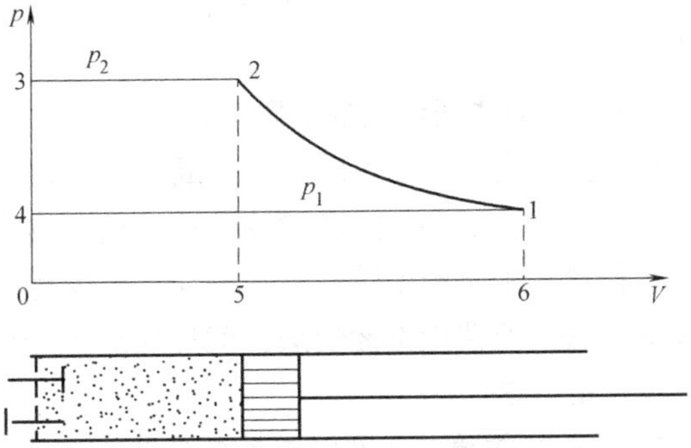

图 1-12　理想工作过程示意图

在图 1-12 中，4→1 表示吸气过程，活塞从上止点开始向右移动，排气阀（片）关闭，吸气阀（片）打开，在压力 p_1 下吸入制冷剂气；1→2 表示压缩过程，活塞从下止点向左移动，制冷剂从压力 p_1 绝热压缩到 p_2，此过程吸、排气阀均关闭；2→3 表示排气过程，活塞左行至 2 位置时排气阀打开，活塞继续左行，在压力 p_2 下把制冷剂排出气缸。由于假设没有余隙容积，活塞运行到 3 点时制冷剂全部排出。当活塞再次向右移动时进行下一次的吸气过程。

2. 实际工作过程

压缩机的实际工作过程与理想工作过程有很大不同。实际过程存在余隙容积；吸排气阀有阻力，工作时存在压力损失；气缸壁与制冷剂之间有热交换，属于非绝热过程；有漏气损失。

1）余隙容积的影响（容积系数 λ_V）。活塞运动到上止点位置时，活塞顶与阀座之间保持一定的间隙，称为余隙。余隙所形成的容积称为余隙容积。造成余隙的主要原因是：

① 防止曲柄连杆机构受热延伸时使活塞撞击阀座而引起机器损坏。

② 排气阀的通道占据一定的空间。

③ 运动部件的磨损使零件配合间隙变大。

④ 活塞环与阀盖之间的环形空间。

余隙容积的存在，在排气过程结束时不能将气缸内的气体全部排净，有一部分高压气体残留在余隙容积内，这样在下一次吸气开始前，这一部分气体首先膨胀减压，在压力降低到低于吸气压力才能开始吸气。所以，由于余隙容积内的气体膨胀，占据了部分工作容积，使吸气量减少，称为余隙损失。压比越大余隙损失越大。

2）吸、排气阀门（片）阻力的影响（压力系数 λ_P）。由于阀门（片）开启时必须克服阀片的惯性力和压在阀片上的弹簧力，以及气体通过阀门的流动阻力，使得实际吸气压力低于 p_1，产生节流损失；而排气压力高于 p_2，这使得余隙损失增大。气缸内部压比大于外部压比。

3）气缸壁与制冷剂的热交换影响（温度系数 λ_T）。吸气时低温气体吸收被排气加热了的气缸的热量，体积膨胀，压缩机吸气量减少，称为预热损失。

4）压缩机泄漏损失的影响（气密系数 λ_g）。压缩机运行时，由于密封不严和磨损会造成漏气损失，它常发生在活塞环和气缸壁之间的不密封处，使得气体从高压腔向低压腔泄漏。此外，吸、排气阀片关闭不严或关闭滞后，也会造成气缸内气体泄漏。这部分损失叫作泄漏损失。

由于这些实际因素的影响，压缩机的实际输气量总是小于理论输气量，实际耗功总是大于理想过程的耗功，而影响这些因素最大的外界条件就是压缩比，即冷凝压力和蒸发压力的差值。

（三）往复式压缩机的故障与处理

从总体上讲，压缩机的故障诊断方法可以分为两大类：一类是实践经验诊断法，另一类是理论诊断法。所谓实践经验诊断法，就是由作业人员通过耳听、眼看、手摸等来获得压缩机在运行过程中所产生的噪声、振动、温度等二次信息，再根据长期的实践经验作出判断和处理的方法。所谓理论诊断法，就是通过较先进的检测仪器和理论依据进行分析、判断找出故障原因的方法。

1. 压缩机故障的实践经验诊断分析

压缩机运转和操作条件的变化，是通过仪表显示出来的，但仪表的显示一般是笼统的，具有一定的局限性，往往只说明问题的存在，而不能指明问题性质、部位的所在，还需提供各方面的综合材料分析、判断，才可能对发生的各种情况得出结论。操作人员和检修人员就要靠看、听和摸的帮助。用看的方法可以观察各传动部分连接是否松动和脱落，各摩擦部分的润滑是否良好，从各种仪表的指示，可以看出整个压缩机的工作情况，及时发现问题，查出问题的关键，如气体、冷却水、润滑油各系统运转是否正常，阀门有无泄漏，以及其他部位的跑、冒、滴、漏等。用听的方法能较准确地判断压缩机各部件的运转情况，听出各级进、排气气阀的阀片是否有损坏；活塞是否因活塞环损坏而漏气，轴瓦是否碎裂，气流是否脉冲严重，管道振动是否过大等。用摸的方法可以探测出各摩擦部分的温升程度、振动大小等。

所谓的看、听、摸不是孤立的，而是紧密配合，互相关联的。例如，气缸的进口气阀漏气，用看、听、摸三种方法就有不同程度的反映。因为气阀漏气，可以摸出气阀盖的温度比正常操作的温度为高，且可以听到气阀内传出的异常响声。在实际操作中，不断积累总结经验，应用看、听、摸的方法，能及时准确地判断各种不正常现象的原因，迅速处理，排除故障。

2. 压缩机故障的理论诊断分析

压缩机发生故障的原因常常是复杂的，因此必须经过细心的观察研究，仪器的检测，系统的分析，甚至要经过多方面的试验，并依靠丰富的实践经验，才能判断出产生故障的真正原因。部分故障的原因及处理方法见表 1-1。

表 1-1　压缩机部分故障的原因及处理方法

序号	发现的问题	故障原因	处理方法
1	排气量达不到设计要求	1)气阀泄漏,特别是低压级气阀漏 2)活塞杆与填料函处泄漏 3)气缸余隙过大,特别是一级气缸余隙大 4)一级进口阀未开足 5)活塞环漏气严重	1)检查低压级气阀,并采取相应措施 2)先拧紧填料函盖螺栓,仍泄漏时则需修理或更换 3)调节气缸余隙容积 4)开足一级进口阀门,注意压力表读数 5)检查活塞环

（续）

序号	发现的问题	故障原因	处理方法
2	功率消耗超过设计规定	1)气阀阻力大 2)中气压力过低 3)排气压力过高	1)检查气阀弹簧力是否恰当,通道面积是否足够大 2)检查管道和冷却器,若阻力太大,应采取相应措施 3)降低系统压力
3	级间压力超过正常压力	1)后一级的吸排气阀泄漏 2)第Ⅰ级吸入压力过高 3)前一级冷却器的冷却能力不足 4)后一级活塞环泄漏引起排出量不足 5)到后一级间的管路阻力增大	1)检查气阀,更换损坏件 2)检查并消除 3)检查冷却器 4)更换活塞环 5)检查管路使之畅通
4	级间压力低于正常压力	1)第Ⅰ级吸排气阀不良,引起排气不足 2)第Ⅰ级活塞环泄漏过大 3)前一级排出后,或后一级吸入前的机外泄漏 4)吸入管道阻力太大	1)检查气阀,更换损坏 2)检查活塞环,予以更换 3)检查泄漏处,并消除泄漏 4)检查管路,使之畅通
5	吸排气时有敲击气	1)气阀阀片切断 2)气阀弹簧松软 3)气阀松动	1)更换新阀片 2)更换合适的弹簧 3)检查拧紧螺栓
6	气缸发热	1)润滑油质量低劣或供应中断 2)冷却水供应不充分 3)曲轴连杆机构偏斜,使活塞摩擦不正常 4)气缸与活塞的装配间隙过小 5)缸内有杂物或表面粗糙度过大 6)气阀或活塞环窜气	1)选择适当的润滑油,注意润滑油供应情况 2)适当地供应冷却水 3)调整曲轴-连杆机构的同心度 4)调整装配间隙 5)解体清理或修磨 6)处理气阀或更换活塞环
7	轴承发热	1)轴瓦与轴颈贴合不均匀,或接触面小,单位面积上的压力过大 2)轴承偏斜或曲轴弯曲 3)润滑油少或断油 4)润滑油质量低劣、肮脏 5)轴瓦间隙过小	1)用涂色法刮研,或改善单位面积上的压力 2)检查原因,设法消除 3)检查油泵或输油管的工作情况 4)更换润滑油 5)调整其配合间隙
8	吸、排气阀发热	1)阀座、阀片密封不严,造成漏气 2)阀座与座孔接触不严,造成漏气 3)吸、排气阀弹簧刚性不适当 4)吸排气阀弹簧折损 5)气缸冷却不良	1)分别检查吸、排气阀,若吸气阀盖发热,则吸气阀有故障;不然故障可能在排气阀 2)研刮接触面或更换新垫片 3)检查刚性,调整或更换适当的弹簧 4)更换折损的弹簧 5)检查冷却水流量及流道,清理流道或加大水流量

（续）

序号	发现的问题	故障原因	处理方法
9	气缸内发生异常声音	1)气缸余隙太小 2)油太多或气体含水分多，造成水击 3)异物掉入气缸内 4)缸套松动或断裂 5)活塞杆螺母松动，或活塞杆弯曲 6)支撑不良 7)曲轴-连杆机构与气缸的中心线不一致	1)适当加大余隙容积 2)适当减少润滑油分离效率 3)清除异物 4)消除松动或更换 5)紧固螺母，或校正、更换活塞杆 6)调节支撑 7)检查并调整同轴度
10	曲轴箱振动并有异常的声音	1)连杆螺栓、轴承盖螺栓、十字头螺母松动或断裂 2)主轴承、连杆大小头轴瓦、十字头滑道等间隙过大 3)各轴瓦与轴承座接触不良，有间隙 4)曲轴与联轴器配合松动	1)紧固或更换损坏件 2)检查并调整间隙 3)刮研轴瓦瓦背 4)检查并采取相应措施
11	活塞杆过热	1)活塞杆与填料函配合间隙不合适 2)活塞杆与填料函装配时产生偏斜 3)活塞杆与填料函的润滑油脏或供应不足 4)填料函的回气管不通 5)填料的材质不符合要求 6)活塞杆与填料之间有异物，将活塞杆拉毛	1)调整配合间隙 2)重新进行装配 3)更换润滑油或调整供油量 4)疏通回气管 5)更换合格材料 6)清除异物，研磨或更换活塞杆
12	循环油油压降低	1)压力表有毛病 2)油管破裂 3)油安全阀有毛病 4)油泵间隙大	1)更换或修理压力表 2)更换或焊补油管 3)修理或更换安全阀 4)检查并进行修理

二、回转式制冷压缩机

回转式制冷压缩机又可根据其压缩机的结构特点分为滚动转子式（简称转子式）、滑片式、螺杆式、涡旋式等。

（一）滚动转子式制冷压缩机

1. 基本构造

滚动转子式压缩机又称滚动活塞式压缩机或固定滑片压缩机，是回转式压缩机的一种形式。

滚动转子式制冷压缩机主要由气缸、滚动转子、偏心轴和滑片等组成，如图 1-13 所示。圆筒形气缸 2 的径向开设有不带吸气阀的吸气孔口和带有排气阀的排气孔口，滚动转子 3（亦称滚动活塞）装在偏心轴（曲轴）4 上，转子沿气缸内壁滚动，与气缸间形成一个月牙形的工作腔，滑片 7（亦称滑动挡板）靠弹簧的作用力使其端部与转子紧密接触，将月牙形工作腔分隔为两部分，滑片随转子的滚动沿滑片槽道作往复运动，端盖被安置在气缸两端，与气缸内壁、转子外壁、切点、滑片构成封闭的气缸容积（即基元容积），其容积大小随转子转角变化，容积内气体的压力则随基元容积的大小而改变，从而完成压缩机的工作过程。

2. 工作工程

1）几个特征角度及其对工作过程的影响。用 $O\text{-}O_1$ 的连线表示转子转角口的位置，转子处于最上端位置时，气缸与转子的切点 T 在气缸内壁顶点，此时 $\theta=0$。图1-14表示了滚动转子式压缩机工作过程的几个特征角。

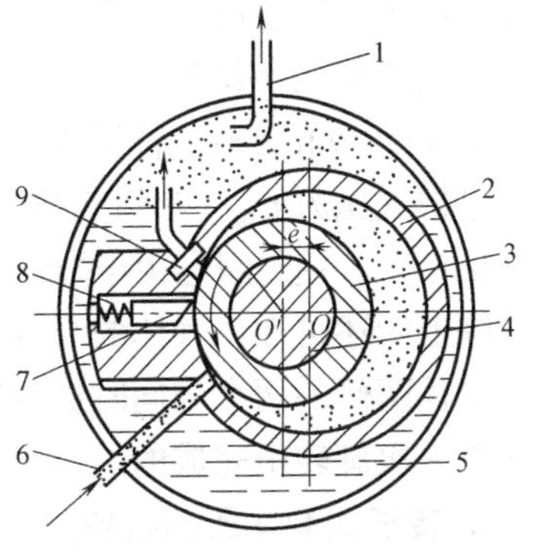

图 1-13 滚动转子式制冷压缩机主要结构示意图

1—排气管 2—气缸 3—转子 4—曲轴 5—润滑油 6—吸气管 7—滑片 8—弹簧 9—排气阀

① 吸气孔口边缘角 α（顺时针方向）可构成吸封闭容积，$\theta=\alpha$ 时吸气开始，α 的大小可影响吸气开始前吸气腔中的气体膨胀，造成过度低压或真空。

② 吸气孔前边缘角 β 的存在会造成在压缩过程开始前吸入气体向吸气口回流，导致输气量下降。为了减小 β 造成的不利影响，通常 $\beta=30°\sim35°$，$\theta=2\pi+\beta$ 时，压缩过程开始。

③ 排气孔口后边缘角 γ 影响余隙容积的大小，$\theta=4\pi-\gamma$ 时排气过程结束。通常 $\gamma=30°\sim35°$。

④ 排气孔口前边缘 φ 构成排气封闭容积，造成气体的再度压缩，$\theta=4\pi-\varphi$ 时是再度压缩过程。

⑤ 排气开始角 $\theta=2\pi-\varphi$ 时开始排气。此时基元容积内气体压力略高于排气管中的压力，以克服排气阀阻力顶开排气阀片。

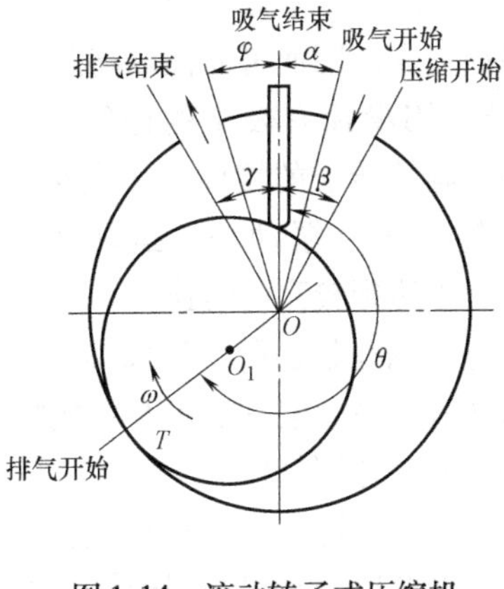

图 1-14 滚动转子式压缩机工作过程的几个特征角

2）转角口变化与工作过程

图 1-15 所示是滚动转子式压缩机工作过程中工作容积与气体压力随转角 θ 的变化。

① 转角口 θ 从 0 转至 α，基元容积由零扩大且不与任何孔口相通，于是产生封闭容积，容积内气体膨胀，其压力低于吸气压力 p_{s0}。当 $\theta=\alpha$ 时与吸气孔口连通，容积内压力恢复为 p_{s0}，压力变化线为 1-2-3。

② 转角口 θ 从 0 转至 2π 是吸气过程。$\theta=\alpha$ 时吸气开始，$\theta=2\pi$ 时吸气结束，此时基元容积最大为 V_{max}，容积随转角的变化线为 $a\text{-}b$。若不计吸气压力损失，则吸气压力线为水平线 3-4。

③ 当转子开始第二转时，原来充满吸入蒸气的吸气腔成为压缩腔，但在 β 这个角度内，压缩腔与吸气口相通，因而在转角 θ 由 2π 转至 $2\pi+\beta$ 时产生吸气回流，吸气状态的气体倒流回吸气孔口，损失的容积为 ΔV，如曲线 $b\text{-}b'$所示，吸气压力线 4-5 为水平线。

④ 转角 θ 由 $2\pi+\beta$ 转至 $2\pi+\varphi$ 是压缩过程。此时基元容积逐渐减少，压力随之逐渐上升，直至达到排气压力 p_{dk}，如图 8-3 中的容积变化曲线 $b'\text{-}c$ 及压力变化曲线 5-6 所示。

⑤ 转角 θ 由 $2\pi+\beta$ 转至 $2\pi+\varphi$ 是排气过程。排气结束时气缸内还残留有高温高压气

体，其容积为 V。这是余隙容积，其压力为 p_{dk}（不计排气压力损失），容积变化线为 c-d，压力变化线为6-7。

⑥ 转角 θ 由 $4\pi-\gamma$ 转至 $4\pi-\varphi$ 是余隙容积中的气体膨胀过程。余隙容积与其后的低压基元容积经排气口连通，余隙容积中高压气体的膨胀至吸气压力 p_{s0}（压力变化线为7-8），使其后的低压基元容积吸入的气体减少，而高压气体的膨胀功又无法回收。

⑦ 转角 θ 由 $4\pi-\gamma$ 转至 4π 是排气封闭容积的再度压缩过程，工作腔内的压力急剧上升且超过排气压力 p_{dk}，为消除排气封闭容积的不利影响，往往将转角内气缸内圆切削出 0.5 ~ 1mm 的凹陷，使封闭容积与排气口相通。

综上所述可知：气体的吸气、压缩、排气过程是在转子的两次旋转中完成，但因转子切点与滑片两侧的两个腔同时进行吸气、压缩、排气的过程，故可以认为压缩机一个工作循环仍是在一次旋转中完成的。

3. 转子式制冷压缩机特点

这类压缩机如今在家用电冰箱和空调器中应用也很普遍，它的优点如下：

1）结构简单，体积小，重量轻，同活塞式压缩机比较，体积和重量均可减小40% ~50%。

2）零部件少，特别是易损件少，同时相对运动部件之间的摩擦损失少，因而可靠性较高。

3）因滑片有较小的往复惯性力，旋转转子的惯性力可完全平衡掉，并且振动小，运转平稳，可以达到较高的转速。

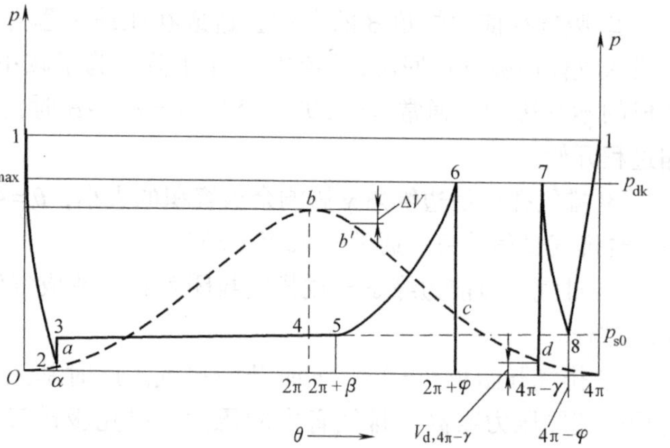

图 1-15　滚动转子式压缩机工作过程中工作容积与气体压力随转角 θ 的变化

4）没有吸气阀，吸气时间长，余隙容积小，并且直接吸气，减小了吸气的有害过热，所以其效率高，但其加工及装配精度要求高。由于没有气阀，可以用于输送污浊和带液滴、含粉尘的工艺用气体。

5）如果采用双层滑片，运行时两块滑片的端部都与气缸内壁保持接触，形成两道密封线，并在两道密封线之间形成油封，大大降低了滑片端部的泄漏损失，减少摩擦力及摩擦损失，使机器的工作寿命及效率均有所提高。

这类压缩机虽然应用很普遍，其缺点：主要是滑片与气缸壁面之间的泄漏、摩擦和磨损较大，限制了它的工作寿命及效率的提高；并且这种压缩机加工精度要求较高。

这种压缩机一旦在其轴承、主轴、滚轮或是滑片处发生磨损，间隙增大，马上会对其性能产生较明显的不良影响，因而它通常是用在工厂中整体装配的冰箱、空调器中，系统内也要求具有较高的清洁度。

（二）滑片式制冷压缩机

1. 基本构造

滑片式制冷压缩机基本构造如图 1-16 所示，这是一种车用的具有五个滑片的双作用滑片式制冷压缩机。它的气缸是椭圆形的，转子设在压缩机气缸的中心，滑片是向前倾斜的。转子圆柱相切于气缸短轴的两边，将气缸分成互不相通的两个空间，两侧分别设有吸气口和排气口，当转子回转时，两侧分别进行吸气—压缩—排气等过程。由于其对称性，作用在转子上的径向力基本得到平衡，使转子运转平稳，减小了轴承的负荷。这种设计的特点如下：

1）可以具有一个大流通截面接管与系统的吸气管道相连。

2）气缸周边侧面上可以开有大流通截面的吸气口。

3）余隙容积很小。

4）具有固定的内压比（最大内压力与吸气压力之比）。这是因为其最大吸气容积和压缩终了的最小容积之比（内容积比）是一定值。

5）由于转子与轴同心旋转，只是滑片有所滑动，平衡性好。

6）结构紧凑，重量轻等。

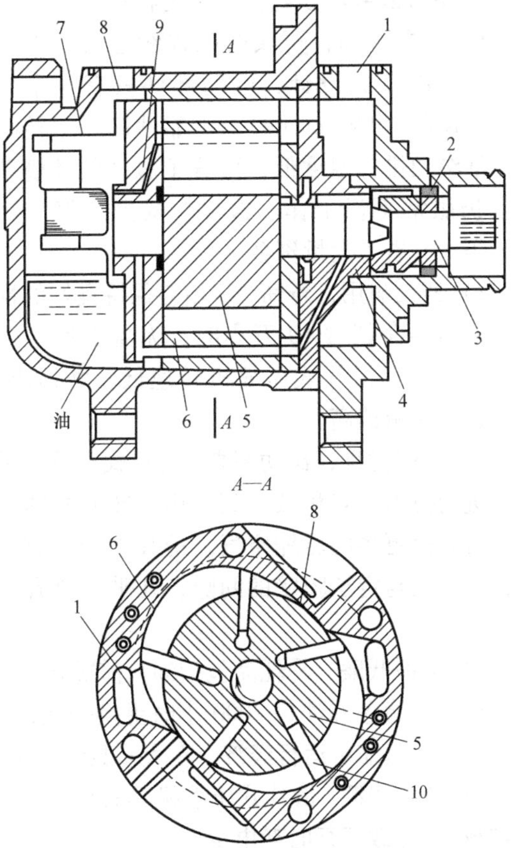

图 1-16　滑片式制冷压缩机基本构造（双作用）
1—吸入口　2—轴封　3—主轴　4—主轴承　5—转子
6—气缸　7—油分离器　8—排气口
9—副轴承　10—滑片

正是由于它所具有的上述第 1）～3）特点，因而即使在较低的吸气压力下，也可以获得较高的容积效率，故滑片式压缩机常常在高压比的双级压缩系统中用作低压级压缩机，或称增压压缩机，蒸发温度可达 -50℃。一般应用的制冷剂有 R22、R304a 和 R717 等。

2. 工作原理

滑片式压缩机是由一个气缸与一个气缸圆柱面偏心安装的转子组成，气缸两侧端盖与转子、滑片间只有很小的轴向间隙。转子上设有径向槽和可在其中滑动的滑片。当转子旋转时，滑片在离心力的作用下，使滑片端面紧贴在气缸内壁面上，从而达到密封的目的。图 1-17 是一个具有 8 个滑片的滑片式压缩机的工作原理图。随着转子的旋转，滑片由 A 作逆时针方向运动，使之与其后滑片以及气缸壁所围成的小室容积不断扩大，气体被吸入小室内。当滑片转到 B 点时，小室容积达到最大值，并与吸气口隔开，吸气结束，此时小室的容积即为吸气容积，由 A 到 B 即为吸气过程。当转子继续转动，小室容积不断缩小，气体压力不断升高，直至滑片顶端到达 C 位置，与排气口相联通时，小室内压力达到最大压力，压缩过程结束。随着转子继续转动，排气开始，当滑片回到 A 点时，排气结束，小室容积达到最小值。转子继续旋转，小室容积又开始增大，待残留在该最小容积中的高压气体膨胀降压后，又开始吸气，如果滑片数为 z 片，则转子每旋转一周，依次有 z 个小室分别进行吸气—压缩—排气—膨胀等过程。

3. 滑片式制冷压缩机的主要特点

1）可靠性高，可长时间连续运转。由于采用旋转滑片式设计，运动部件只有一个转子，转速低（1460r/min），可靠性高，运转时本身油温和排气温度低，可置于恶劣的环境条件下仍照常不误工作。这样，减少了停工时间，等于节省了大量资金。

2）经久耐用，寿命长。始终保持良好的性能，使用寿命超过 10 万小时，无需更换主要的金属部件，滑片式压缩机转速低、磨损小、寿命长、残留值高。

3）性能优良，比功率高。滑片式压缩机采用先进的技术，容积效率高，用户花同样的金钱，可获得更多的压缩空气。滑片本身靠离心力自动补偿与定子腔壁的间隙，几乎不会有二次压缩的情况，这也是螺杆式压缩机无法比拟的。

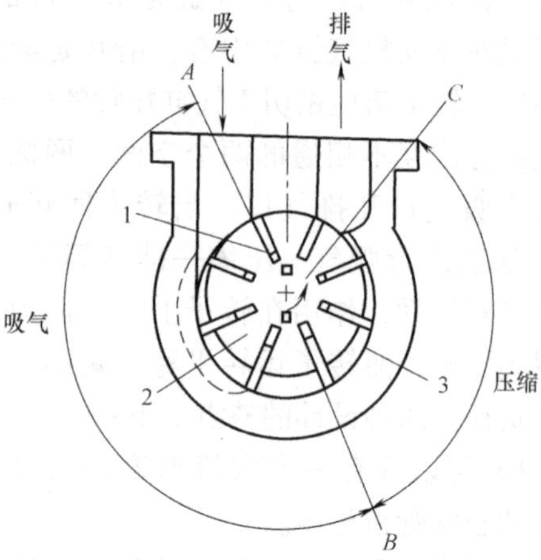

图 1-17　滑片式压缩机的工作原理
1—滑片　2—转子　3—气缸

4）维护低廉，易耗品包括油只需准备 3 种，机油容量小。备件包括油、油分芯和空滤芯 3 种，空滤芯和油每 2000 小时更换一次，油分芯每 10000 小时更换一次。比其他机型省油，滑片式压缩机运行经济，在大多数情况下，该机型较其他压缩机更能节省维护费用。

5）节省能源。滑片式压缩机具有标准的节能控制装置，如“自动停机/开机”和“自动空载”，卸载运行时耗电少。

6）低噪声级。滑片式压缩机采用旋转滑片技术，运行特别安静。由于噪声小，压缩机可在使用点就近安装，无需配备昂贵的管路和专用的压缩机房，从而极大地降低了安装费用，而螺杆式压缩机却需要消音罩壳来降低噪声，但这样做影响了机体散热，到了夏天，几乎所有品牌的螺杆式压缩机都要打开罩壳散热，结果机房里往往隆隆声加上热浪。滑片式压缩机本身就无需罩壳，又带有同一马达驱动的后冷却器，机体几乎不会发热，排出的压缩空气温度仅比环境温度高 4 ~ 8℃，唯一的噪声来自电动机和冷却风扇，而转子运行却很安静，特别是机器运行时不会产生振动，甚至可以在机身控制箱上竖立一枚硬币都不会倒下。

7）传动方式。滑片式压缩机的压缩机与电动机由免保养的挠性联轴器连接传动，无需带或增速齿轮，避免了偏向拉力、带打滑和断裂的机会，也不会产生齿轮的磨损和轴承的损耗。

8）无风扇电动机。滑片式压缩动机的电动机同时驱动压缩机和风扇，减少了电力消耗和故障机会。

9）无轴向受力。滑片式压缩机运转时只有单纯的回转运动，主轴轴向不受力，不需使用复杂的滚子轴承，而螺杆式压缩机因主轴有较大的轴向推力，必须使用滚子轴承，且螺杆式压缩机由于高转速及径向推力，使该轴承必须定期更换。

10）巴氏合金轴瓦。滑片式压缩机使用巴氏合金做轴瓦，使用寿命长，可保证整个压缩机工作 10 万 h 以上无需大修和更换零部件（滤芯和密封垫、O 形圈除外）。相比螺杆式压缩机使用多个滚子轴承，由于轴承的磨损，需定期更换，而滑片式压缩机的轴瓦可永远不换。

11）外围控制管路少。滑片式压缩机采用先进的专利技术，油气管路放在机身内部，外围控制管路少，几乎不会有油气泄漏现象。螺杆式压缩机油气管路繁多，漏油漏气机会大增，且这么多的管路挤在狭小的罩壳内，维修保养很不方便。

12）可在平地上直接放置使用。滑片式压缩机重量轻，如 A37L 只有 680kg，外形尺寸小，重心低，焊上轮子后可做成机动型，可在使用现场移动使用，无需复杂管线。

13）供气纯度高，品质好。滑片式压缩机排气含油、含水少，残油量小于 2mg/L，排气温度与环境温度差在 10℃以内；而螺杆式压缩机排气含油量在 3mg/L 左右，排气温度与环境温度差在 12～24℃。

（三）螺杆式制冷压缩机

螺杆式制冷压缩机分为单螺杆式制冷压缩机及双螺杆式制冷压缩机。单螺杆式制冷压缩机是在 19 世纪 70 年代由法国辛恩开发出来，双螺杆式制冷压缩机最早由德国人 H. Krigar 在 1878 年提出，直到 1934 年瑞典皇家理工学院 A. Lysholm 才奠定了双螺杆式制冷压缩机的 SRM 技术，并开始在工业上应用。因双螺杆式制冷压缩机结构更加合理，采用高精度的曲面加工技术利用油封实现无接触式压缩，噪声小，磨损低，稳定性高，被迅速地应用到国防领域。

1. 螺杆式制冷压缩机结构

目前应用较多的是双螺杆式制冷压缩机，一般可分为机体部件、转子部件、滑阀部件、轴封部件和联轴器部件。

1）机体部件。机体部件主要是由机体、吸气端座、吸气端盖、排气端座、排气端盖及轴封压盖等零件组成。

机体：机体内设有∞字形空腔，容纳转子，是压缩机的工作气缸。机体内腔上部设有径向吸气口。机体下部有一部分缸壁被镗掉用于放置滑阀。要使压缩机压缩气体的效率高，就要求机体孔与转子之间的间隙必须严格保证。滑阀端部与机体的配合要严密，组装时需经钳工研合。

吸气端座：吸气端座上部设有轴向吸气孔口，气体进入压缩机的通道。吸气端座有三个呈三角形排列的孔，上面两个是安装主轴承的，下面一个是滑阀油活塞的工作油缸。主动转子主轴承孔口外侧安装平衡活塞套。

排气端座：排气端座下部的孔口是气体压缩终了的轴向排气口。排气端座上主轴承孔的外侧安装推力轴承，用轴承压盖将止推轴承外圈压在排气端座上。

机体、吸气端座、排气端座的相对位置是三体找正后靠它们之间的定位销来确定。即使是同一型号机器的各部件也不能随意搭配。机体部件中的各零件的端面相互是严密贴合的，通过橡胶圈或厌氧胶密封。吸、排气端座主轴承孔及机体孔之间同心是保证转子能正常工作的重要条件。

2）转子部件。转子部件由主动转子（一般为阳转子）、从动转子（一般为阴转子）、主轴承、推力轴承、轴承压盖、平衡活塞以及平衡活塞套等零件组成，如图 1-18 所示。

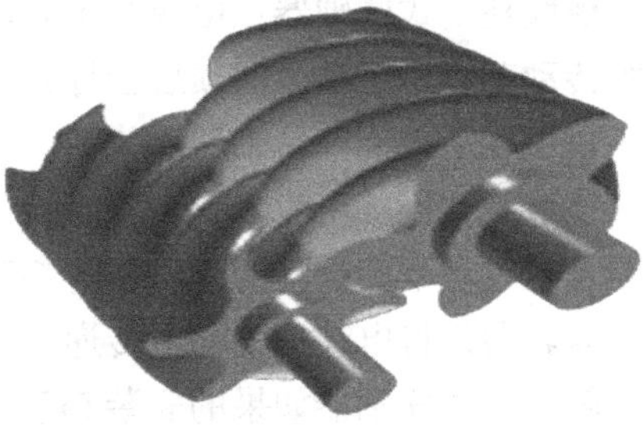

图 1-18　转子

阴、阳转子：是螺杆式制冷压缩机中最核心的零件。转子的加工精度、几何公差要求都很高，精加工后还必须做动平衡试验方可使用。主动转子通过联轴器与电动机直联，并带动从动转子旋转。

主轴承：一般采用滑动轴承，又叫主轴瓦，是支撑转子、承担径向力的部件。主轴承内表面衬有一层耐磨合金，磨损较大或拉毛、拉伤时应更换。主轴承在工作中靠润滑油润滑，各油路必须通畅。更换新轴承时要采取刮削处理。

推力轴承：每个转子上一般装有一对推力轴承，而且是经过游隙测定后相反方向安装。推力轴承是克服转子工作时产生的轴向力（排气端压向吸气端），并保持转子端面与吸、排气端座保持一定的间隙的部件。转子排气端面与排气端座的间隙是靠调整垫的厚度来调整的。如果测量排气端间隙大，则需磨薄调整垫；如果测量排气端间隙小，则需更换调整垫或增加一个调整垫。推力轴承的内圈是通过圆螺母及防松垫片固定在转子上，外圈是通过轴承压盖压紧在排气端座上。

轴承压盖：装配时要注意用力均匀，并随时盘动转子检查是否盘车过紧。把紧轴承压盖后，要测量转子的轴向和径向的圆跳动。此时，转子的轴向圆跳动应为0，径向圆跳动应小于0.005mm。

平衡活塞：通过螺栓（或键）固定在主动转子上吸气侧的一端，在平衡活塞套中随转子一同旋转，承受油压来平衡一部分轴向力，作用是延长推力轴承的使用寿命。平衡活塞及平衡活塞套磨损严重时必须更换。

3）滑阀部件。滑阀部件主要由滑阀、滑阀导管、滑阀导管套、螺旋管、油活塞、指示器以及O形圈和密封环等零件组成。螺杆式制冷压缩机最常用的能量调节方法就是在两个转子之间设置一个可以轴向移动的滑阀，即滑阀能量调节方法。滑阀位置改变，与滑阀固定端脱离，打开一条与吸气腔相通的通道，基元容积中的气体没有得到压缩就旁通回吸气腔，相当于改变了转子的有效工作长度。滑阀位置不同，旁通气体的量也不同，滑阀的连续移动，使能量可以在10%～100%之间无级调节。滑阀位置的变化，改变了径向排气口的位置，使原本设计好的内压比发生改变，压缩比减小，从而使功耗的变化与冷量的变化不成比例，效率降低。滑阀的另一个作用是将润滑油引入滑阀内部的空腔，并通过滑阀上的若干小孔将油喷到机体与转子之间。油在压缩机中的作用是润滑、冷却、密封和消声。因为螺杆式制冷压缩机是向工作腔中喷入润滑油，所以其螺杆又被称为喷油螺杆，也因此螺杆式制冷压缩机排气温度比较低。滑阀的运动是靠油活塞运动带动的。油活塞在吸气端座的油缸内，油缸的两端有进出油孔与控制系统相连。

4）轴封部件。对于开启式压缩机，驱动轴的一端要伸出机体外部，为了防止制冷剂向外泄漏或空气渗漏入系统，必须在轴的伸出部位及机体之间设置轴封装置。

5）联轴器部件。螺杆式制冷压缩机的联轴器有橡胶柱销式和挠性（膜片式）联轴器两种。

橡胶柱销式联轴器：由两个半联轴器、飞轮、传动芯子以及螺钉等组成。这种联轴器的橡胶传动芯容易磨损，磨损后会导致机器运动不平稳，对转子、轴承、轴封都会产生不良影响，目前逐渐被挠性联轴器取代。

挠性联轴器：由两半联轴器、接筒、传动垫片以及螺钉等组成。这种联轴器的两个半联轴器是经过动平衡试验的，安装时相对位置是固定的。

联轴器是将电动机的动力传递到压缩机主动转子的重要部件。由于螺杆式制冷压缩机的转速较高，对联轴器如果的安装精度（同轴度）要求也较高。联轴器如果安装不当，不但会引起机器运转不平稳、噪声增高，而且对转子、主轴承、推力轴承和轴封会产生异常损伤。对于新运行的机组，因为油分或机架的应力变化，会使压缩机、电动机的同轴度发生改变，故应定期检查同轴度，直至机组应力消除方可连续运转。

2. 工作原理

螺杆式压缩机的工作是依靠啮合运动着的一个阳转子与一个阴转子，并借助于包围这一对转子四周的机壳内壁的空间完成的。当转子转动时，转子的齿、齿槽与机壳内壁所构成的呈“V”字形的一对齿间容积称为基元容积，其容积大小会发生周期性的变化，同时它还会沿着转子的轴向由吸气口侧向排气口侧移动，完成制冷剂蒸气的吸入、压缩和排出过程。每对齿槽空间都相继存在着吸气、压缩、排气三个过程。在不同齿槽空间，同时存在着吸气、压缩、排气三个过程，如图 1-19 所示。

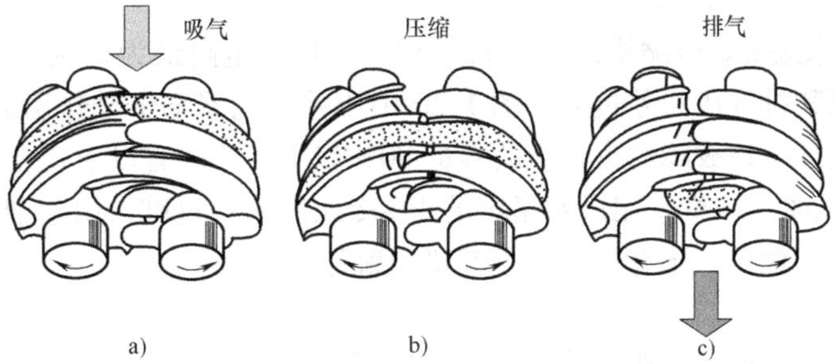

图 1-19　螺杆式压缩机工作示意图

1）吸气。当基元容积与轴向和径向吸气口相通时，吸气就开始。随着螺杆的旋转，基元容积由最小向最大变化。直至基元容积达到最大，并与吸气口脱离，一对齿槽空间吸满蒸气，吸气结束。

2）压缩。螺杆继续旋转，两螺杆的齿与齿槽相互啮合，齿槽容积由最大逐渐变小，而且位置向排气端移动，完成对蒸气压缩和输送的过程。

3）排气。当这对齿槽空间与轴向和径向排气口相通时，压缩终了，开始排气过程，直到基元容积变为零为止。

3. 螺杆式制冷压缩机的特点

目前双螺杆式制冷压缩机应用较广泛，其优缺点和故障特性如下。

1）螺杆式制冷压缩机的优点：

① 零部件少，易损件少，可靠性高。

② 操作维护方便。

③ 没有不平衡惯性力，运转平稳安全，振动小。

④ 具有强制输气的特点，排气量几乎不受排气压力的影响，工况适应性强。

⑤ 转子齿面实际上是有间隙的，因此对湿行程不敏感，能耐液击。

⑥ 排气温度低，可在较高压比的工况下运行。

⑦ 可实现制冷无级调节，采用滑阀机构，使制冷量可从 15% ~100% 进行无级调节，节省运行费用。

⑧ 容易实现自动化，可实现远程通信。

2）螺杆式制冷压缩机的缺点：

① 转子齿面是一空间曲面，需利用特制的刀具，在价格昂贵的设备上加工，机体零部

件加工精度也有较高的要求，必须采用高精度设备。

② 由于齿间容积周期性地与吸、排气口连通，故压缩机噪声大。

③ 由于受到转子刚度和轴承寿命等限制，压缩机内部只能依靠间隙密封，所以螺杆式制冷压缩机只能适用于中、低压范围，不能用于高压场合。

④ 由于喷油量大，油处理系统复杂，故机组附属设备多。

⑤ 螺杆式制冷压缩机依靠间隙密封气休，在小容积范围内不具有优越的性能。

总之螺杆式制冷压缩机以其显著的优点，越来越多地得到了市场的认可。随着国民经济的发展，以及螺杆式制冷压缩机的设计、制造水平的提高，螺杆式制冷压缩机的性能指标和可靠性指标将会得到更大的提高。螺杆式制冷压缩机的应用将会越来越广泛。

4. 常见故障发生原因及解决方法

1）油压差故障报警。压缩机组在运行过程中，控制电路最为常见的是“油压差故障”报警，即系统油压和排气压力差过大，图 1-20 中压差继电器 SP1 动作引起机组跳停，根据在生产过程中的统计，该故障约占机组跳停的 80% 以上。原因有以下几点：

① 机组冷冻机油（该机采用厂家指定的 46#冷冻机油）过脏，引起油精过滤网的堵塞，油路不畅，造成油压偏低，压差过大，引起机组跳停。

解决方法：

从油分离器上下视镜观察机油洁净度或采用便携式快速油质分析仪分析机油劣化程度，达不到标准时可更换冷冻机油。

② 油精过滤网过滤精度过密，导致油路在通过油精过滤器时，阻力增大，引起跳停。

解决方法：

更换油精过滤网。在实际生产中，由于供应厂家的过滤精度不同的问题，该故障常发生，现采用过滤精度为 BETA = 22 的高效油精网，使用效果较好。

③ 油路系统中阀门未打开或开度不够。

解决方法：

检查油路系统中所有阀门，将油路系统阀门全开。

④ 机组缺油或机头处回油阀未打开。

解决方法：

加油或打开机头上回油阀 2 ~ 3 圈。

如使用上述方法后仍无法解决故障，可采用下述方法解决：

短接油泵，让油泵长期运行，使油压不受排压控制，保证油压的稳定。从图 1-20 中可见：氨机油泵的开停由 SP2 控制，0.35MPa 时动合，0.45MPa 时动断。具体方法为在低压电控柜内将控制油泵开停的 57 号端子与 +24V 短接，使 SP2 失去对油泵的保护，让油泵长期运行，使机组回到强制供油方式。缺点：使用该方法即回到原 I 型机时的油泵强制供油状态，而油泵长期运行会使油泵机封易损坏，造成机组卸压。

2）高低压故障报警。在实际生产中，因南方天气较热，气温高，控制好机组排压显得尤为重要。图 1-21 所示为氨系统流程简图。从整个系统可看出，氨冷凝器的冷凝效果对排压有着直接的影响，同时，氨冷凝器所使用的循环水水质、水温也间接对氨机的排压有一定的影响。

解决方法：

夏季高温季节来临前，反冲洗氨冷器或采用人工清理的方法清理冷凝器（氨冷凝器为波

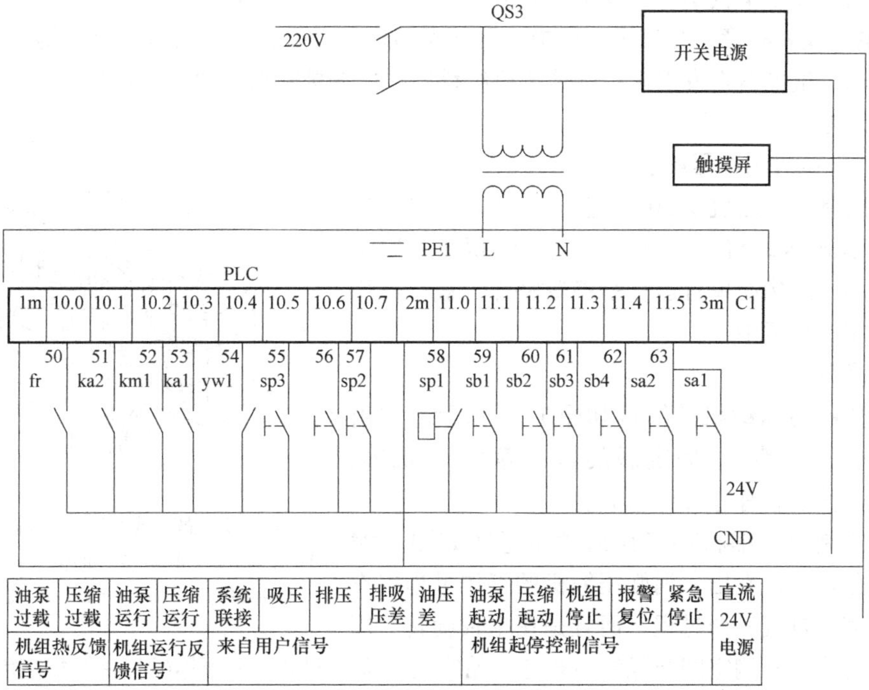

图 1-20　电路示意图

纹管式换热器)。为保证好循环水的水质，定期加药（采用定期投药的方法解决循环水生苔的问题)。

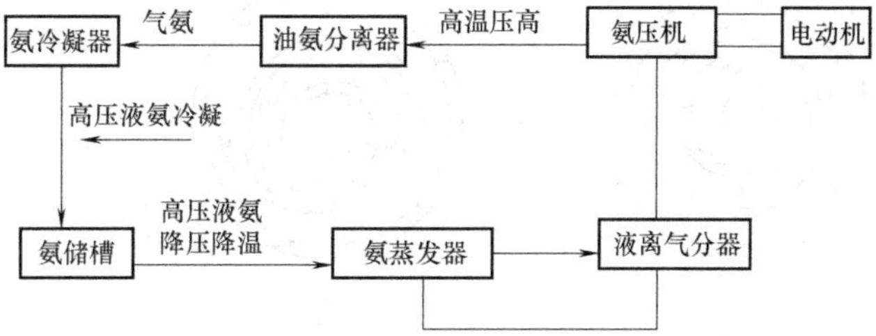

图 1-21　氨系统流程简图

3）油温高报警。油冷器也存在与氨冷凝器一样的问题。当机组油温超过 65℃时，温度控制器 ST_1 动作。在生产中，可采用下述办法来控制油温：

① 生产水水质的保证，在油冷器冷却水进口加装玻璃视镜，观察生产水水质。

② 季节来临前，可根据图 1-22 所示，采用人工清理的方法逐根清理油冷器管油泵或压缩机过载。

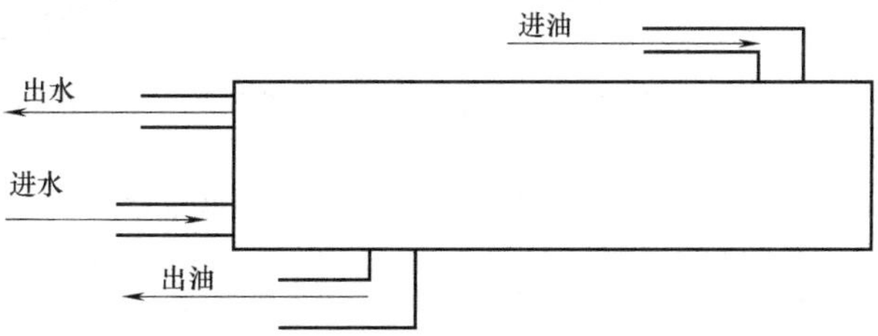

图 1-22　油清除示意图

该类故障发生率较小，当发生该故障时，可检查电气及降低压缩机负荷。

4）电气仪表故障。在实际生产中，由于现场环境较差，受厂房内温度、湿度、振动等因素的影响，继电器常发出误信号造成机组跳停。如在排除以上原因后仍未查出故障，可排查、更换继电器。

（四）涡旋式制冷压缩机

涡旋式制冷压缩机是20世纪80年代才发展起来的一种容积式压缩机，它以效率高、体积小、质量轻、噪声小、结构简单且运转平稳等特点，被广泛用于空调和制冷机组中。

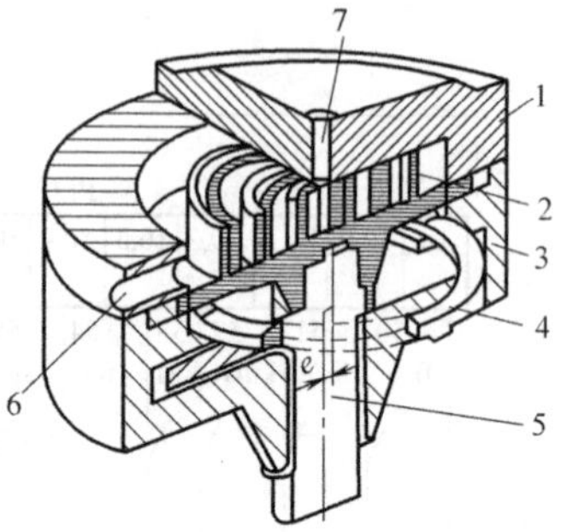

图1-23　涡旋式制冷压缩机的结构
1—动盘　2—静盘　3—机体　4—防自转环
5—偏心轴　6—进气口　7—排气口

1. 工作原理

涡旋式制冷压缩机的结构如图1-23所示。它由运动涡旋盘（动盘）、固定涡旋盘（静盘）、机体、防自转环、偏心轴等零部件组成。

涡旋式制冷压缩机的工作原理示意图如图1-24所示。由分析可以看出，涡旋压缩机的工作过程仅有进气、压缩、排气三个过程。而且是在主轴旋转一周内同时进行的，外侧空间与吸气口相通，始终处于吸气过程，内侧空间与排气口相通，始终处于排气过程，而上述两个空间之间的月牙形封闭空间内，则一直处于压缩过程，因而可以认为吸气和排气过程都是连续的。

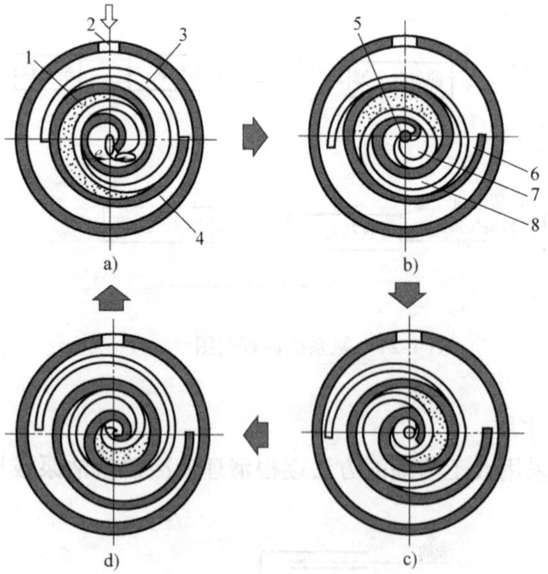

图1-24　涡旋式制冷压缩机工作原理示意图
a）0°位　b）90°位　c）180°位　d）270°位
1—压缩室　2—进气口　3—动盘　4—静盘
5—排气口　6—吸气室　7—排气室
8—压缩室

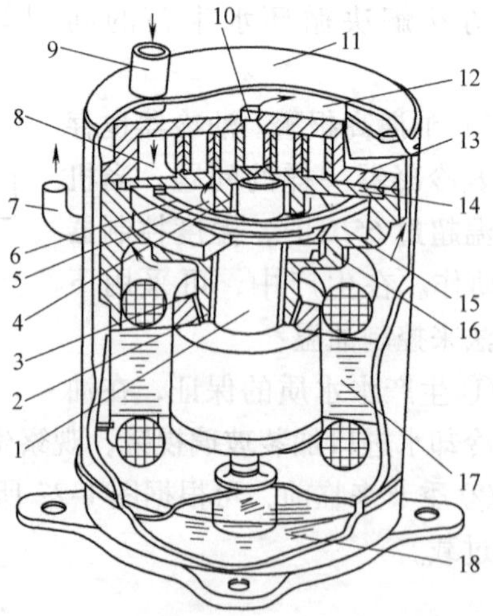
图1-25　空调用涡旋式制冷压缩机结构
1—曲轴　2、4—轴承　3—密封　5、15—背压腔
6—防自转环　7—排气管　8—吸气腔　9—吸气管
10—排气口　11—机壳　12—排气腔
13—静盘　14—动盘　16—机架
17—电动机　18—润滑油

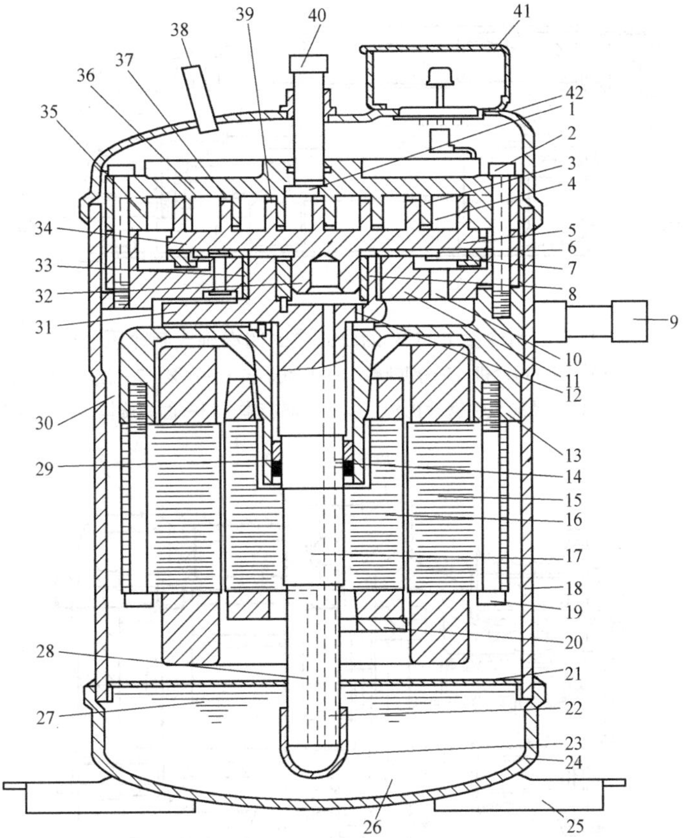

图 1-26　立式全封闭涡旋式制冷压缩机结构

1—排气孔　2—螺栓　3—静涡旋体　4—压缩室　5—动涡旋体　6—推力轴承　7—十字联接环　8—偏心套　9—吸气管　10—排油孔　11—主轴承座　12—油孔　13—副轴承座　14—油孔　15—电动机定子　16—电动机转子　17—曲轴　18—机壳　19—螺栓　20—曲轴的平衡块　21—油雾阻止板　22—偏心油道　23—液压泵　24—下盖　25—支脚　26—油池　27—润滑油　28—排气孔　29—副轴承　30—排油　31—曲轴的平衡块　32—动涡旋体轴销　33—主轴承　34—底板　35—吸气孔　36—端板　37—密封条　38—工艺管　39—密封槽　40—排气管　41—接线箱　42—上盖

2. 总体结构

空调用涡旋式制冷压缩机结构如图 1-25 所示，另一立式全封闭涡旋式制冷压缩机结构如图 1-26 所示。

图 1-27 所示是一台制冷量 1. 8kW 的卧式全封闭涡旋式制冷压缩机，它适用于压缩机高度受到限制的机组。

图 1-28 所示的汽车空调用涡旋式制冷压缩机为开启式压缩机，由汽车的主发动机通过带轮驱动压缩机运转。

3. 涡旋式制冷压缩机主要特点

1）属于第三代压缩机，多个压缩腔同时工作，相邻压缩腔之间的气体压差小，气体泄漏量少，容积效率高，可达 98%，比第二代压缩机转子压缩机效率高 5% 左右。

2）驱动动涡盘运动的偏心轴可以高速旋转，因此，涡旋式压缩机体积小重量轻。

3）动涡盘与主轴等运动部件的受力变化小，整机振动小。

4）没有吸、排气阀，运转可靠，且特别适应于变转速运动和变频调速技术。

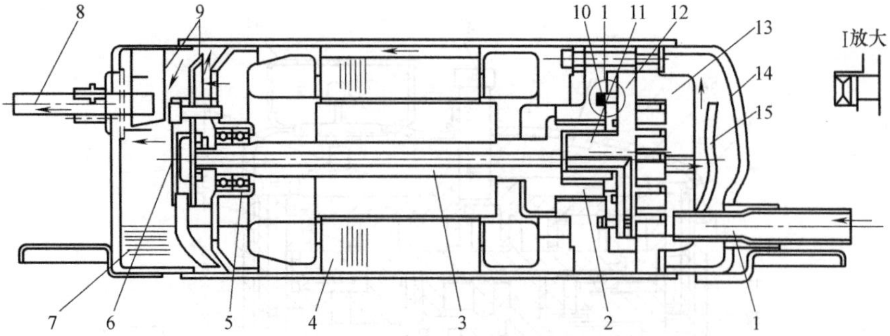

图 1-27 制冷量 1.8kW 的卧式全封闭涡旋式制冷压缩机

1—吸气管 2—主轴承 3—曲轴 4—电动机 5—副轴承 6—摆线形转子液压泵 7—油池 8—排气管 9—排油抑制器 10—轴向柔性密封机构 11—径向柔性密封机构 12—动涡旋体 13—静涡旋体 14—机壳 15—排气阀

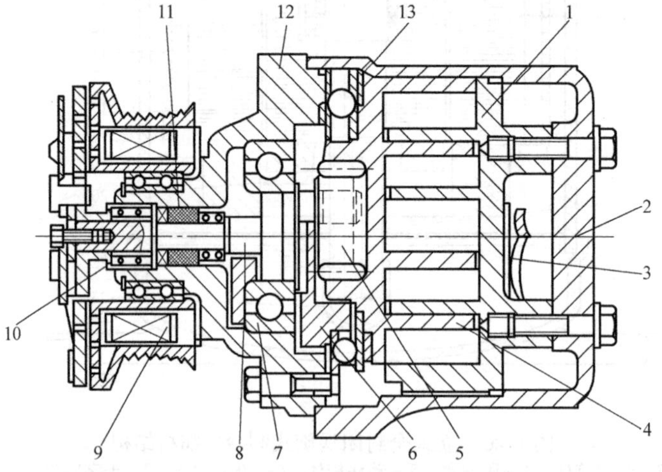

图 1-28 汽车空调用涡旋式制冷压缩机

1—静涡旋体 2—机壳 3—排气阀 4—动涡旋体 5—径向柔性机构 6—平衡块 7—主轴承 8—曲轴 9—电磁离合器 10—副轴承 11—轴封 12—轴承座 13—球形联接器

5）压缩腔是涡旋线形的，为多室压缩机构。当动涡盘中心绕静涡盘中心作圆周运动时，各压缩腔容积随主轴转角发生变化，将相应地减小或扩大，由此实现气体的吸入、压缩和排气过程，由于吸排气过程几乎连续进行，整机噪声很小。

6）轴向和径向柔性结构提高了生产效率，而且保证轴向间隙和径向间隙的密封效果，不因摩擦和磨损而降低，即有可靠和有效的密封性，所以其制冷系数不是随运行时间的增加而减小，而是略有提高。

7）有良好的工作特性，性能主要受自身压缩比和吸气压力的影响，排气压力范围广，适用于各种室内、外环境，确保压缩机一直在高能效比下运行，从而保证空调机组的能效比。特别在热泵式空调系统中，其制热性能高、稳定性好、安全性高。

8）无余隙容积，在结构上属于多室压缩，相邻的腔室内压力差别不是很大（近似连续变化），同时，动、静涡盘端面接触部的密封条靠轴向背压被压紧而使得动、静涡盘紧密接触，并在冷冻油的帮助下实现良好的密封效果，从而使得内泄漏几乎不存在；当密封条端平面被磨损后，可以沿轴向方向自动补偿，以保证动涡盘端面和静涡盘底面始终贴紧，而且压缩机工作时间越长，这些贴紧的相对运动面的配合越好，密封效果也越好，这些优点使其不存在二次压缩制冷剂气体的问题，是保持高容积效率运行的重要保障因素。

9）力矩变化小，平衡性高，振动小，运转平稳，从而操作简便，易于实现自动化。

10）因其自身运动部件少、没有往复运动机构，所以结构简单、体积小、重量轻、零件少（特别是易损件少），可靠性高，寿命在20年以上。

11）相邻两室的压差小，气体的泄漏量少。

12）转矩变化幅度小、振动小。

13）没有余隙容积，故不存在引起输气系数下降的膨胀过程。

14）无吸、排气阀，效率高，可靠性高，噪声小。

15）由于采用气体支承机构，故允许带液压缩。

16）机壳内腔为排气室，减少了吸气预热，提高了压缩机的输气系数。

17）涡线体型要求加工精度非常高，必须采用专用的精密加工设备。

18）密封要求高，密封机构复杂。

19）其运动机件表面多是呈曲面形状，这些曲面的加工及其检验均较复杂，需高精度的加工设备及精确的调心装配技术，因此制造成本较高。

20）其运动机件之间或运动机件与固定机件之间，常以保持一定的运动间隙来达到密封，气体通过间隙势必引起泄漏，这就限制了回转式压缩机难以达到较大的压缩比，因此，大多数回转式压缩机多在空调工况下使用。

课题二　速度型制冷压缩机

【知识要点】

1）熟悉离心式制冷压缩机的工作原理及基本构造。

2）了解离心式制冷压缩机的特点。

【相关知识】

速度型制冷压缩机应用最广泛的就是离心式制冷压缩机。它是一种叶轮旋转式的机械，靠高速旋转的叶轮对气体做功，从而提高气体压力的。其内气体的流动是连续的，流量比容积式制冷压缩机要大得多。为了产生有效的能量转换，其旋转速度必须很高。离心式制冷压缩机吸气量为0.03～15m^3/s，转速为1800～90000r/min，吸气温度通常为－10～10℃，吸气压力为14～700kPa，排气压力小于2MPa，压缩比为2～30，几乎所有制冷剂都可采用。由于以往离心式制冷机组常用的R11、R12等CFC类工质，对大气臭氧层破坏极大，已被国际上禁止，目前已开始改用R22、R123和R134a等工质。

离心式制冷压缩机有单级、双级和多级等多种结构形式。单级压缩机主要由吸气室、叶轮、扩压器、蜗壳等组成，如图1-29所示。对于多级压缩机，还设有弯道和回流器等部件。一个工作叶轮和与其相配合的固定元件（如吸气室、扩压器、弯道、回流器或蜗壳等）就组成压缩机的一个级。多级离心式制冷压缩机的主轴上设置着几个叶轮串联工作，以达到较高的压缩比。多级离心式制冷压缩机的中间级如图1-30所示。为了节省压缩功耗和不使排气湿度过高，级数较多的离心式制冷压缩机中可分为几段，每段包括一至几级，低压段的排气需经中间冷却后才输往高压段。

一、离心式制冷压缩机的工作原理、特点与结构

图 1-29 所示的单级离心式制冷压缩机的工作原理如下：压缩机叶轮 3 旋转时，制冷剂蒸气由吸气室 2 通过进口可调导流叶片 1 进入叶轮流道，在叶轮叶片的推动下气体随着叶轮一起旋转。由于离心力的作用，气体沿着叶轮流道径向流动并离开叶轮，同时，叶轮进口处形成低压，气体由吸气管不断吸入。在此过程中，叶轮对气体做功，使其动能和压力能增加，气体的压力和流速得到提高。接着，气体以高速进入截面逐渐扩大的扩压器 5 和蜗壳 4，流速逐渐下降，大部分气体动能转变为压力能，压力进一步提高，然后再引出压缩机外。对于多级离心式制冷压缩机，为了使制冷剂蒸气压力继续提高，需要利用弯道和回流器再将气体引入下一级叶轮进行压缩，如图 1-30 所示。

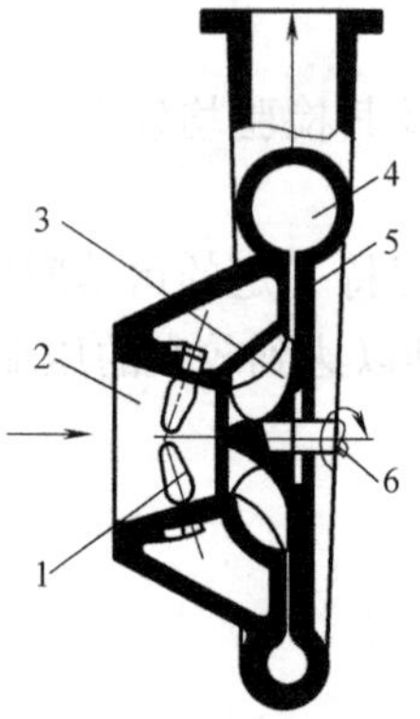

图 1-29　单级离心式制冷压缩机简图

1—进口可调导流叶片　2—吸气室　3—叶轮　4—蜗壳　5—扩压器　6—主轴

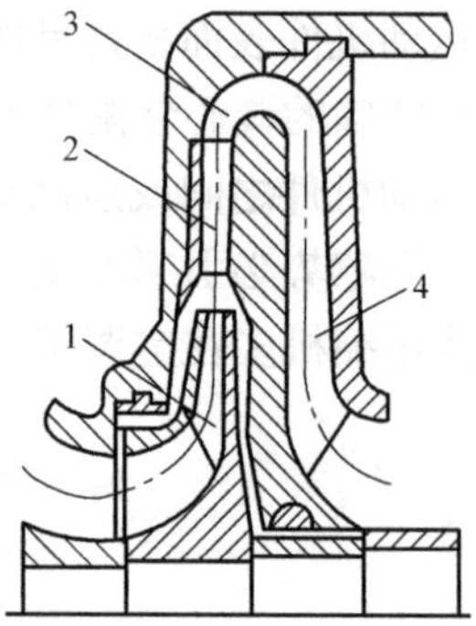

图 1-30　离心式制冷压缩机的中间级

1—叶轮　2—扩压器　3—弯道　4—回流器

1. 离心式制冷压缩机的特点

因压缩机的工作原理不同，离心式制冷压缩机与活塞式制冷压缩机相比，具有以下特点：

1）在相同制冷量时，其外形尺寸小、重量轻、占地面积小。相同的制冷工况及制冷量，活塞式制冷压缩机比离心式制冷压缩机（包括齿轮增速器）重 5 ~ 8 倍，占地面积多一倍左右。

2）无往复运动部件，动平衡特性好，振动小，基础要求简单。目前对中小型组装式机组，离心式制冷压缩机可直接装在单筒式的蒸发-冷凝器上，无需另外设计基础，安装方便。

3）磨损部件少，连续运行周期长，维修费用低，使用寿命长。

4）润滑油与制冷剂基本上不接触，从而提高了蒸发器和冷凝器的传热性能。

5）易于实现多级压缩和节流，达到同一台制冷机具有多种蒸发温度的操作运行。

6）能够经济地进行无级调节。可以利用进口导流叶片自动进行能量调节，调节范围和节能效果较好。

7）对大型制冷机，若用经济性高的工业气轮机直接带动，实现变转速调节，节能效果更好。尤其对有废热蒸气的工业企业，还能实现能量回收。

8）转速较高，用电动机驱动的一般需要设置增速器。而且，对轴端密封要求高，这些

均增加了制造上的困难和结构上的复杂性。

9）当冷凝压力较高或制冷负荷太低时，压缩机组会发生喘振而不能正常工作。

10）制冷量较小时，效率较低。

目前所使用的离心式制冷机组大致可以分成两大类：一类为冷水机组，其蒸发温度在 -5℃以上，大多用于大型中央空调或制取5℃以上冷水或略低于0℃盐水的工业过程用场合；另一类是低温机组，其蒸发温度为 -5 ~ 40℃，多用于制冷量较大的化工工艺流程。另外，在啤酒工业、人造干冰场、冷冻土壤、低温试验室和冷温水同时供应的350 ~ 7000kW 情况可使用离心式制冷机组。离心式制冷压缩机通常用于制冷量较大的场合，在 350 ~ 7000kw 内采用封闭离心式制冷压缩机，在 7000 ~ 35000kW 范围内多采用开启离心式制冷压缩机。

2. 离心式制冷压缩机的结构

由于使用场合的蒸发温度和制冷剂不同，离心式制冷压缩机的缸数、段数和级数相差很大，总体结构上也有差异，但其基本组成零部件不会改变。现将其主要零部件的结构与作用简述如下。

（1）吸气室　吸气室的作用是将从蒸发器或级间冷却器来的气体，均匀地引导至叶轮的进口。为减少气流的扰动和分离损失，吸气室沿气体流动方向的截面一般做成渐缩形，使气流略有加速。吸气室的结构比较简单，有轴向进气和径向进气两种形式。对单级悬臂压缩机，压缩机放在蒸发器和冷凝器之上的组装式空调机组中，常用径向进气管式吸气室（图 1-31）。但由于叶轮的吸入口为轴向的，径向进气的吸气室需设置导流弯道，为了使气流在转弯后能均匀地流入叶轮，吸气室转弯处有时还加有导流板。图中 1-31 所示的吸气室常用于具有双支承轴承，而且第一级叶轮有贯穿轴时的多级压缩机中。

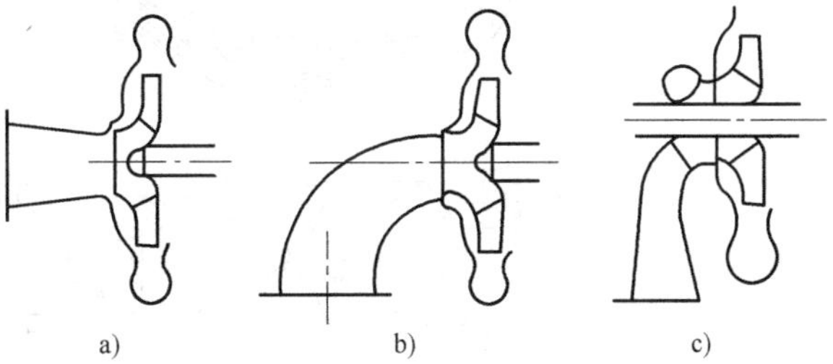

图 1-31　吸气室

a）轴向进气吸气室　b）径向进气肘管式吸气室

c）径向进气半蜗壳式吸气室

（2）进口导流叶片　在压缩机第一级叶轮进口前的机壳上安装进口导流叶片可用来调节制冷量。当导流叶片旋转时，改变了进入叶轮的气流流动方向和气体流量的大小。转动导叶时可采用杠杆式或钢丝绳式调节机构。杠杆式调节机构如图 1-32 所示，进口导叶实际上是一个由若干可转动叶片 3 组成的菊形阀，每个叶片根部均有一个小齿轮 1，由齿圈 2 带动，齿圈是通过杠杆 7 和连杆 6 由伺服电动机 4 传动，也可用手轮 8 进行操作。图 1-33 所示为钢丝绳式调节机构，由一个主动齿轮 5 通过钢丝绳 3 带动六个从动齿轮 2 转动，从而带动七个导叶 1 开启。为了使钢丝绳在固定轨道上运动，防止它从主动齿轮和从动齿轮上滑出，又安装有七个过渡轮 4，主动齿轮根据制冷机组的调节信号，由导叶调节执行机构带动链式执行机构转动主动齿轮。

进口导叶的材料为铸铜或铸铝，叶片具有机翼形与对称机翼形的叶形剖面，由人工修磨选配。进口导叶转轴上配有铜衬套，转轴与衬套间以及各连接部位应注入少许润滑剂，以保证机构转动灵活。

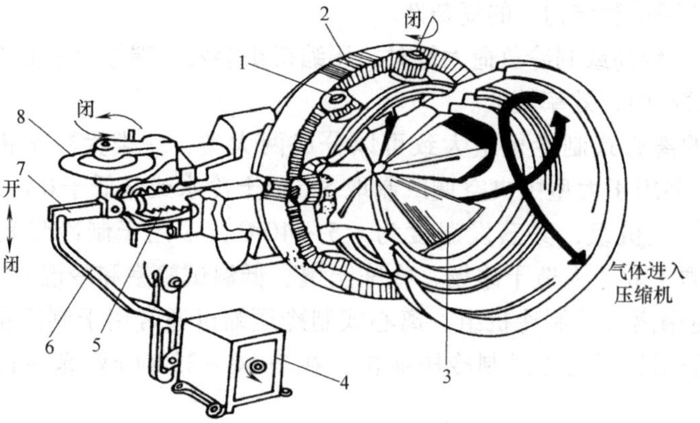

图 1-32　杠杆式调节机构

1—小齿轮　2—齿圈　3—转动叶片　4—伺服电动机　5—波纹管　6—连杆　7—杠杆　8—手轮

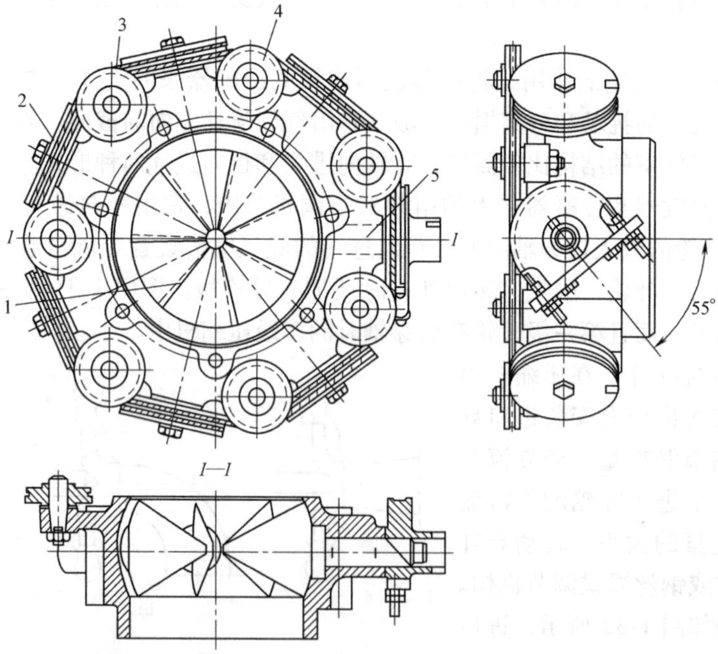

图 1-33　钢丝绳式调节机构

1—导叶　2—从动齿轮　3—钢丝绳　4—过渡轮　5—主动齿轮

（3）叶轮　叶轮也称工作轮，是压缩机中对气体做功的唯一部件。叶轮随主轴高速旋转后，利用其叶片对气体做功，气体由于受旋转离心力的作用以及在叶轮内的扩压流动，使气体通过叶轮后的压力和速度得到提高。叶轮按结构形式分为闭式、半开式和开式三种，通常采用闭式和半开式两种。闭式叶轮由轮盖、叶片和轮盘组成，空调用制冷压缩机大多采用闭式。半开式叶轮不设轮盖，一侧敞开，仅有叶片和轮盘，用于单级压力比较大的场合。有轮盖时，可减少内漏气损失，提高效率，但在叶轮旋转时，轮盖的应力较大，因此叶轮的圆周速度不能太大，限制了单级压力比的提高。半开叶轮由于没有轮盖，适宜承受离心惯性力，因而对叶轮强度有利，使叶轮圆周速度较高。钢制半开式叶轮圆周速度目前可达450 ~

540m/s，单级压缩比可达6.5。

（4）密封机构　对于封闭型机组，无需采用防止制冷剂外泄漏的轴封部件。但在压缩机内部，为防止级间气体内漏，或油与气的相互渗漏，必须采用各种形式的气封和油封部件，对于开启式压缩机，还需设置轴封装置。离心式制冷压缩机中常用的密封形式有如下几种：

1）迷宫式密封。迷宫式密封又称为梳齿密封，主要用于级间的密封，如轮盖与轴套的内密封及平衡盘处的密封。迷宫式密封由梳齿隔开的许多小室组成，它是利用梳齿形的曲径使气体向低压侧泄漏时受到多次节流膨胀降压（因为每经一道间隙和小室气体压力均有损失），从而达到减少泄漏的目的。迷宫密封的结构多种多样，常见的如图1-34所示。曲折密封优于平滑型，常用于轴套、平衡盘的密封，但制造较为复杂，轴向定位较严格。台阶型密封主要用于轮盖密封。

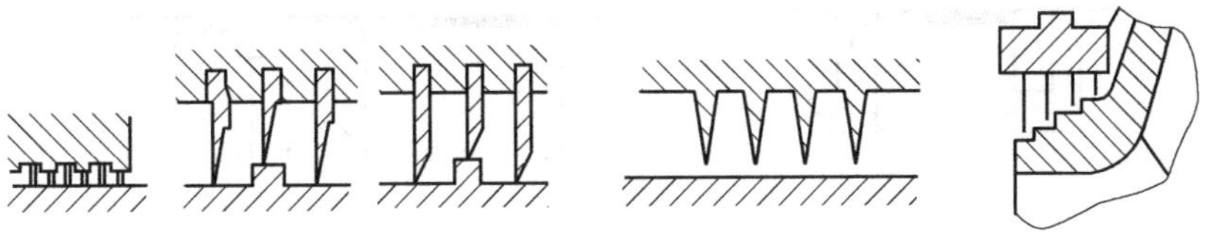

图1-34　迷宫式密封形式

a）镶嵌曲折型密封　b）整体平滑型密封　c）台阶型密封

2）机械密封。机械密封主要用于开启式压缩机中的转轴穿过机器外壳部位的轴端密封。机械密封的结构形式较多，主要有由一个静环和一个动环组成的单端面型，以及两个静环和一个动环或两个静环和两个动环组成的双端面型。图1-35为一个动环6和两个静环5组成的双端面形机械密封。密封表面为静环与动环的接触面，弹簧2通过静环座4把静环压紧在动环上。O形圈3和7防止气体从间隙中泄漏。在压缩机工作时，轴封腔内通入压力高于气体压力约0.05～0.1MPa的润滑油，把压紧在动环两侧的静环推开一个间隙，形成密封油膜，既减少了摩擦损失，也起到了冷却和加强密封效果的作用。停机时油压下降，但恒压罐使轴封腔内尚维持一定油压，弹簧又把静环压紧在动环上，从而形成良好的停机密封。机械密封的优点是密封性能好，接近于绝对密封，且结构紧凑。但不足之处是易于磨损，寿命短，摩擦时的线速度不能太高，密封面比压也有一定的限制。

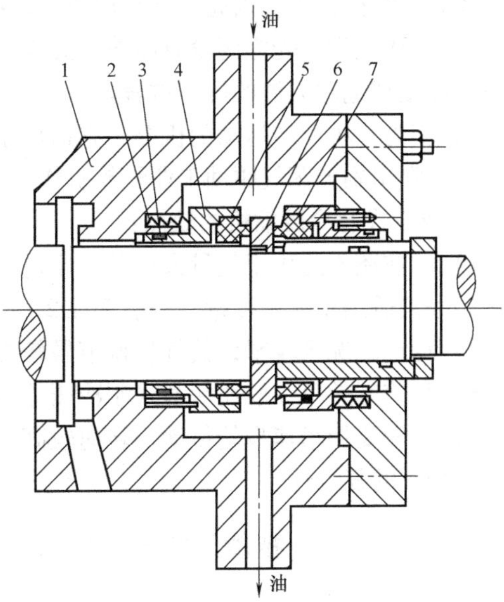

图1-35　机械密封

1—轴封壳体　2—弹簧　3、7—O形圈　4—静环座　5—静环　6—动环

3）油封。图1-36a所示为简单的单片油封。单片油封装于轴承两侧，单片常用铝铜材料，直径间隙为0.2～0.4mm，大于轴承的径向间隙。图1-36b所示为充气油封。在空调用离心式制冷压缩机上，主要采用充气油封。它是在整体铸铝合金车削成的迷宫齿排中部开有环形空腔，从压缩机的蜗壳内引一

股略高于油压的高压气体进入环形空腔中，高压气流从空腔内密封齿两端逸出，一端封油，另一端进入压缩机内。齿片的直径间隙一般取0.2～0.6mm。

除上述主要零部件外，离心式制冷压缩机还有其他一些零部件。如：减少轴向推力的平衡盘；承受转子剩余轴向推力的推力轴承以及支撑转子的径向轴承等。

为了使压缩机持续、安全、高效地运行，还需设置一些辅助设备和系统，如增速器、润滑系统、冷却系统、自动控制和监测及安全保护系统等。

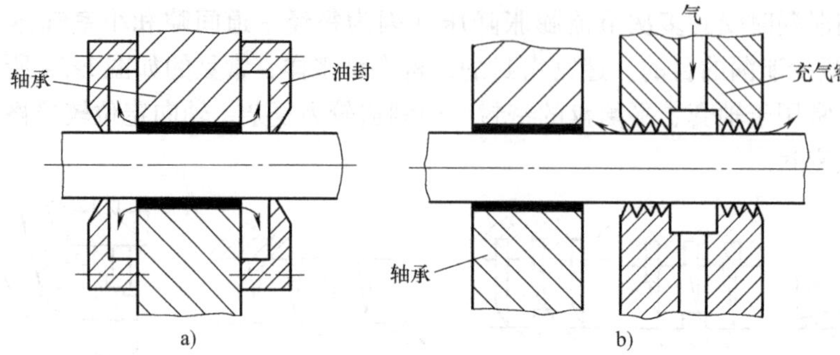

图1-36　油封

a）单片油封　b）充气油封

二、离心式制冷压缩机的优缺点

1. 离心式制冷压缩机的优点

1）气量大，结构简单紧凑，重量轻，机组尺寸小，占地面积小，相对于活塞式制冷压缩机，在制冷量相同时，重量较活塞式轻5～8倍。

2）由于它没有汽阀活塞环等易损部件，又没有曲柄连杆机构，运转平衡，操作可靠，运转率高，摩擦件少，因此备件需用量少，维护费用及人员少。

3）工作轮和机壳之间没有摩擦，无需润滑。在化工流程中，离心式制冷压缩机对化工介质可以做到绝对无油的压缩过程。

4）作为一种回转运动的机器，它适用于工业汽轮机或燃汽轮机直接拖动。对一般大型化工厂，常用副产蒸气驱动工业气轮机作动力，为热能综合利用提供了可能。

2. 离心式制冷压缩机的缺点：

1）目前还不适用于气量太小及压比过高的场合，并且由于适宜采用分子量比较大的制冷剂，故只适用于大制冷量，一般都在$2.5\sim3\times10^5$kcal/h以上。

2）稳定工况区较窄，其气量调节虽较方便，但经济性较差。

3）目前其效率一般比活塞式制冷压缩机低。

4）一般要用增速齿轮传动，转速较高，对轴端密封要求高，这些均增加了制造上的困难和结构上的复杂性。

技能训练一　往复活塞式制冷压缩机的拆装

一、目的与要求

掌握拆装半封闭式制冷压缩机正确的拆装顺序，清洗方法，并了解它的特点。

二、材料工具、仪器与设备

5寸或8寸扳手一把、橡皮锤一把、尖嘴钳一把、游标卡尺一把、清洗细布若干、清洗剂、润滑油若干、活塞式制冷压缩机一台。

三、实训步骤

各类活塞式制冷压缩机的拆卸工艺虽然基本相似，但由于结构不同，所以拆装的步骤和要求也略有不同，应根据各类压缩机的特点制定不同的拆装方法，下面以8AS－12.5氨制冷压缩机为例说明这种类型的制冷压缩机拆装方法和步骤。

1）拆卸汽缸盖与排汽阀。

2）拆卸曲轴箱侧盖。

3）拆卸活塞连杆部件。

4）拆卸汽缸套。

5）拆卸卸载机构。

6）拆卸细滤油器和油泵部件。

7）拆卸油三通阀和粗滤油器。

8）拆卸吸气过滤器。

9）拆卸联轴器。

10）拆卸轴封部件。

11）拆卸后轴承座。

12）拆卸曲轴。

13）拆卸前轴承座。

14）活塞连杆部件的组装：①连杆小头衬套的装配。②活塞销与连杆小头的装配。③活塞环的装配。

15）油泵部件的组装（指内转子油泵）：①放入湖道垫板（挡油板），装上偏心筒。②装上内、外转子。③装上泵的端盖，要对角均匀拧紧螺钉，并用手转动泵轴，以转动灵活为宜。

16）气阀部件的组装：①气阀弹簧若有一个损坏应全部换新的。②检查阀盖上阀片升程两侧有无毛刺，若有毛刺应用细锉修理。③装阀盖、阀片和外阀座用M16螺钉连接，注意阀片应放正。④装内阀座和芽芯螺钉。⑤装配后，用螺钉旋具试验阀片各处在升程中活动是否灵活。

17）三通阀部件组装：①装配时应注意定位。②限位板的螺钉要装平。

18）将各个已经组装好的部件逐件装入机体。

总装程序如下：前轴承座→曲轴→后轴承座→密封器→联轴器→油泵→滤油器→三通阀→卸载机构→气缸套→活塞连杆组→排气阀与假盖弹簧→气缸盖。

19）最后装上曲轴箱侧盖，并将侧盖上的小油塞拆下来，用漏斗向曲轴箱加油。

四、注意事项

1）机器拆卸前必须准备好扳手、专用工具及放油等准备工作。

2）机器拆卸时要按步骤进行，一般应先拆部件，后拆零件，由外到内，由上到下，有次序地进行。

3）拆卸所有螺栓、螺母时，应使用专用扳手；拆卸气缸套和活塞连杆组件时，应使用专用工具。

4）对拆下来的零件，要按零件上的编号（如无编号，应自行编号）有顺序地放置到专用支架或工作台上，切不可乱堆乱放，以免造成零件表面的损伤。

5）对于固定位置不可改变方向的零件，都应画好装配记号，以免装错。

6）拆下的零件要妥善保存，细小零件在清洗后即可装配在原来部件上以免丢失，并注意防止零部件锈蚀。

7）对拆下的水管、油管、汽管等，清洗后要用木塞或布条塞住孔口，防止进入污物。对清洗后的零件应用布盖好，以防止零件受污变脏，影响装配质量。

8）对拆卸后的零部件，组装前必须彻底清洗，并不许损坏结合面。

五、实训报告

<table>
<tr><td>班级</td><td></td><td>姓名</td><td></td><td>同组人</td><td></td></tr>
<tr><td>实训项目</td><td colspan="5"></td></tr>
<tr><td colspan="3">实训过程：</td><td colspan="3">示意图：</td></tr>
<tr><td>实训总结</td><td colspan="5">签　名
年　月　日</td></tr>
<tr><td>完成时间</td><td>小时</td><td>实习成绩</td><td colspan="3"></td></tr>
</table>

技能训练二　往复活塞式制冷压缩机的性能测试

一、目的与要求

1）学习测定活塞式制冷压缩机排气量的基本方法，了解活塞式制冷压缩机的工作性能及原理。

2）按公式计算活塞式制冷压缩机的排气量，求出公式计算值与实测值的相对误差，并根据所学知识对产生误差原因进行讨论。

3）掌握用计算机测绘示功图的基本知识、并根据示功图分析压缩机的运转情况。

4）了解用计算机进行压力、温度采样的基本方法。

二、实训准备及实训过程要求

1）认真预习实验讲义，复习课堂讲过的有关内容，并列出实验中要测的项目。

2）认真观察实验用压缩机主要零部件的结构、润滑、冷却装置及控制缓冲罐压强的方法。

3）了解脉冲和压力传感器的使用和测量方法以及计算机采样原理。观察各路信号的实际波形。

4）当缓冲罐中压强稳定在要求的数值时，测绘示功图：由计算机控制读取活塞处于不同位置时气缸内的瞬时压力，根据计算机给出的数据，在方格纸上绘出示功图，同时记下计算机给出的单位活塞面积所做的功 W（即示功图面积）。有兴趣的读者请考虑自行计算示功图面积。

5）测绘示功图的同时，读取排气压强、喷嘴前后压差、温度等数据并测定压缩机转速。

6）改变压缩机的转速，并保持阀门开度不变，测一组数据；然后调节阀门开度，使排气压力与变转速前一样，再测一组数据。共三组数据。

7）计算压缩机的实际循环功——指示功、等温指示效率和绝热指示效率，并作实验讨论。

实验的一些基本参数和有关仪器：

气缸的直径 $D=100\text{mm}$，活塞杆直径 $d=22\text{mm}$，活塞的行程 $s=100\text{mm}$，曲柄半径 $r=50\text{mm}$，连杆长度 $l=195\text{mm}$，喷嘴的直径 $D_a=9.52\text{mm}$。

实验的有关仪器：

转速表，大气压强计，U 形管压差计，温度计，脉冲传感器和压力传感器，变频器、A/D 转换板，计算机。

三、实验原理

1. 排气量的测定

我国多采用喷嘴截流法测量压缩机的排气量，其测试装置和喷嘴均应符合国家标准。

压缩机将吸入气体经压缩升压后，排入储气罐稳压，经调节阀进入低压箱降压整流，再经节流喷嘴喷出，喷嘴前后形成压差，压差值由压力传感器采集，喷嘴前气体温度由温度传感器采集，压缩机转数由霍尔接近开关得到，其数据在计算机控制界面上均有显示，据公式便可计算出该运转状态下的排气量。

2. 示功图的测绘

通过在压缩机气缸盖上安装的压力传感器将气缸内的压力转变为微弱的电压信号，经过 ADAM3016 调理模块处理信号之后，通过接线端子板及一根 37pin 电缆连接线与 PCL-818L 数据采集板相连。环境温度等其他参数通过相应的传感器及变送器，以相同的连接方式进入数据采集板。带轮附近安装有霍尔接近开关，带轮与霍尔接近开关在压缩机曲轴每旋转一周开始的时候，产生一个脉冲开关信号，利用它作为开始采样的起动信号。对应任一压力值的气缸容积可以通过简单的数学计算得到。数学计算过程如下：

假定活塞压缩机一个工作循环内取样次数为 n（可由计算机来设定），则对应的第 i 个采样点活塞在气缸中的位移

$$s = r\left\{(1-\cos\alpha) + \frac{L}{r}\left[1-\sqrt{1-\left(\frac{r}{L}\right)^2\sin^2\alpha}\right]\right\}$$

式中　α——曲轴（曲柄）的转角，$\alpha = i \cdot \frac{360°}{n}$（$i=0, 1, 2, \cdots, n$）；

r——曲轴（曲柄）半径，本实验中 $r=57\text{mm}$；

L——连杆长度，本实验中 $L=250\text{mm}$。

气缸内气体容积为 $V=As$（A 为气缸横截面积），其中 $A=\frac{\pi}{4}D^2$，D 为活塞直径，$D=153\text{mm}$。

采用 chart 绘图插件，压力值显示在纵坐标上，气缸容积/位移值显示在横坐标上，便得到了示功图曲线，同时计算机控制界面上还显示指示功率的数值。整个数据采集系统结构如图 1-37 所示。

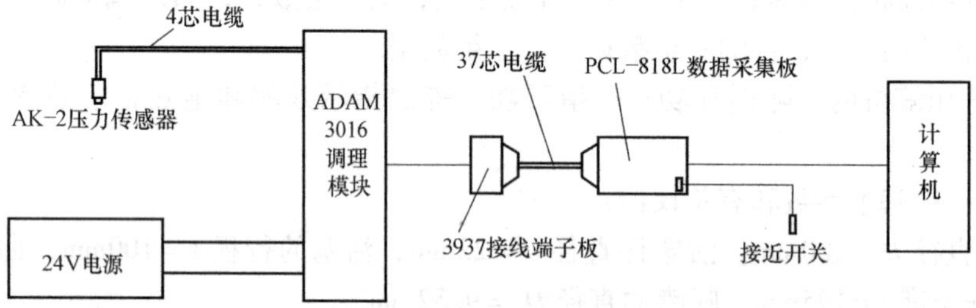

图 1-37　数据采集系统结构图

四、实验方法与步骤

（1）打开计算机，进入系统操作界面。

（2）起动压缩机。

1）接通冷却水。

2）检查油箱油线位置。

3）检查压力表、安全阀、安全调节阀等是否运转正常可靠。

4）检查盘车是否正常。

5）点击操作界面“数据采样”菜单中“准备工作项”，确认准备工作完成。

（3）调节和测量

1）将调节阀全开后按动控制柜上的起动按钮（2 个绿色按钮同时按下），起动电动机。

2）调整调节阀使储气罐内压力稳定在 0.1MPa。

3）稳定后用鼠标点击操作界面上的采样按钮，示功图便显示在操作界面上，可将其保存及打印，同时记录下压缩机的转速、吸入阀附近温度、喷嘴前后的压差、喷嘴前温度、指

示功率（五个参数在操作界面均有显示），前四个参数用于计算压缩机的流量。

(4) 重复步骤 (3) 中的 2)、3)，使稳压罐压力分别稳定在 0.2MPa、0.3MPa、0.4MPa、0.5MPa 位置。

(5) 按动控制柜上的停止按钮（红色），使电动机停止运转，关闭冷却水，打开调节阀，将稳压罐内气体排空。

五、数据处理

(1) 计算输气量

$$Q = 1128.53 \times 10^{-6} C D^2 T_0 \sqrt{\frac{H}{p_0 T_1}}$$

式中，D 为气缸的直径；由表可查得 $C = 0.980$，$p_0 = 101300\text{Pa}$，$H = 5780\text{Pa}$，$T_0 = (26.32 + 273.15)\text{K} = 299.47\text{K}$，$T_1 = (28.56 + 273.15)\text{K} = 301.71\text{K}$。

所以
$$Q = 1.65\text{m}^3/\text{min}$$

(2) 计算排气量

1) $\overline{V} = n \cdot \lambda_1 \cdot \lambda_p \cdot \lambda_T \cdot \lambda_V \cdot 2V_H$

式中，$n = 522\text{r/min}$，压缩比 $\varepsilon = \frac{p_2'}{p_1} = (1.013 \times 10^5 + 0.5 \times 10^6)/101300 = 5.936$。据此查得 $\lambda_T = 0.93$，$\lambda_p = 0.96$，$\lambda_l = 0.96\text{s}$。

故有

$$V_H = F_h \cdot s = 0.0021\text{m}^3 (F_h = \frac{\pi}{4} D^2, D = 0.153\text{m}, s = 0.114\text{m})$$

$$\alpha = \frac{V_0}{V_H} = 0.0781 (V_0 = 1.64 \times 10^{-4}\text{m}^3)$$

$$\lambda_V = 1 - \alpha(\varepsilon^{\frac{1}{m}} - 1) = 0.73$$

$$\overline{V} = (522 \times 0.96 \times 0.96 \times 0.93 \times 0.73 \times 2 \times 0.0021)\text{m}^3/\text{min} = 1.37\text{m}^3/\text{min}$$

2) 相对误差

$$\left| \frac{\overline{V}_{公式} - Q_{实测}}{\overline{V}_{公式}} \right| \times 100\% = 20\%$$

同理，可求得其他各组数据的结果，整理见表 1-2。

表 1-2 数据结果

测量项目	单位	测量次数				
		1	2	3	4	5
储气罐压力	MPa	0.1	0.2	0.3	0.4	0.5
吸气温度	℃	18.80	20.31	21.34	22.95	26.32
喷嘴前后压差	kPa	7.06	6.05	6.09	5.99	5.78
喷嘴前气体温度	℃	19.24	21.04	22.90	25.24	28.56
压缩机转速	r/min	522	522	522	522	522
指示功率	kW	1.60	2.10	2.90	4.10	3.30
输气量	m^3/min	1.938	1.748	1.68	1.67	1.65
排气量	m^3/min	1.88	1.694	1.61	1.50	1.37
相对误差	%	3	3.1	4.3	11.3	20

3）绘制曲线。按照表 1-2 数据绘制压缩机示功图曲线如图 1-38、图 1-39 所示。

4）讨论误差产生的原因。误差可能由以下原因造成：①数据跳动而造成的读数误差。②仪器仪表本身不太准确。③调节出口阀时，未能使指针准确指向目标值。

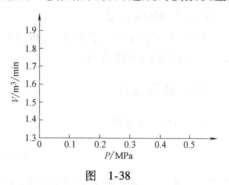

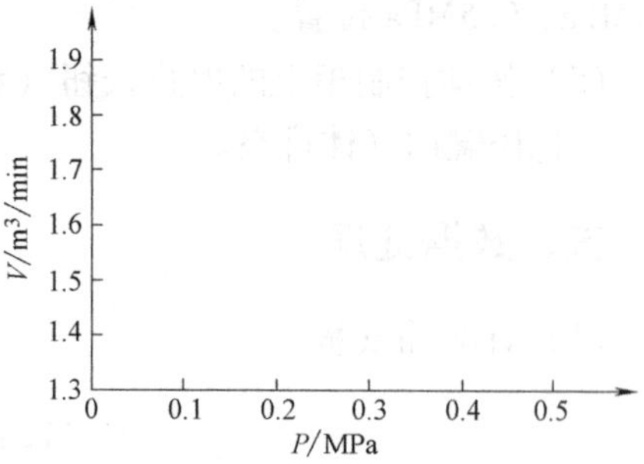

图 1-38

六、注意事项

1）注意用电安全，注意带轮的安全。

2）不得随意乱动仪器。

3）压缩机出口温度稳定后再测量。

4）调节阀要慢慢开启。

5）记录表格。

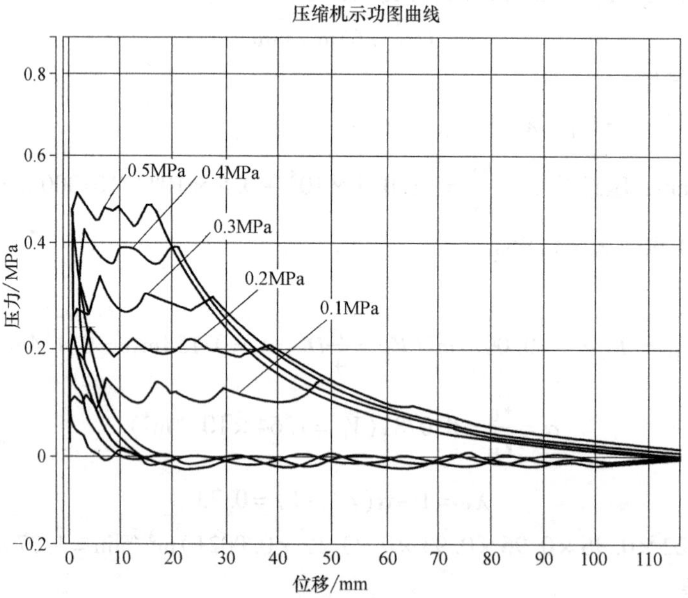

图 1-39

七、实训报告

<table>
<tr><td>班级</td><td></td><td>姓名</td><td></td><td>同组人</td><td></td></tr>
<tr><td>实训项目</td><td colspan="5"></td></tr>
<tr><td colspan="3">实训过程：</td><td colspan="3">示意图：</td></tr>
<tr><td>实训总结</td><td colspan="5">签　名
年　月　日</td></tr>
<tr><td>完成时间</td><td>小时</td><td>实习成绩</td><td colspan="3"></td></tr>
</table>

技能训练三 压缩机的基本维护

一、目的与要求

保证压缩机正常运转，系统正常运行。

二、材料工具、仪器与设备

记录册、笔、扳手、开口、温度计等。

三、实训步骤

1）压缩机长期运转时，定期记录各项参数，温度、压力、功率、振动等。

2）如果从记录的数据中发现参数变化或出现不正常的情况时，应尽快找出原因，并采取适当的补救措施。

3）每周检查一次油箱的油液位，如果发现油液位低于正常值，需补充新油到规定的油位。

4）在压缩机开机运行一段时间后，定期清理油过滤器内杂质。如果油过滤器的压差超过1.0Bar，通过切换联动阀，切换过滤器，然后清理，并更换备用零件（纸筒型滤芯不可重复使用）。

5）检查级间冷却器的温度，如果杂质黏附在冷却管内壁上，影响冷却水流量，通过检测温度判断是否清理冷却器。

6）检查排放阀以得到正常排放，如果不正常，需打开旁路阀，并关闭隔断阀，调节旁路阀以得到正确排放，然后拆卸排放阀清理内部。

7）在日常检查中，应特别注意压缩机、电动机、油泵、辅助电动机等的异常声音。

8）操作中，应特别注意泄漏点、振动值等，如需要，重新紧固法兰螺栓。

9）当安全装置报警时，应及时采取相应措施。在机组连锁后并重新起动时，应确认已排除所有原因。

10）如果辅助油泵出口油压低，开启备用泵，并手动关闭主油泵，如果在此后，油压还是低，需检查辅油泵和电动机。

四、注意事项

1）在联轴器保护罩未安装前，不允许开启压缩机。

2）不要轻易触摸压缩机部件，避免出现温度过高烫伤皮肤。

3）如果在运行过程中出现异常情况，安全装置将发出警报信号，在这种情况下，应参考《检修故障手册》采取正确的对策。

4）利用手册可以迅速有效地发现问题和故障，至于压缩机附件，也最好参考说明手册。

五、实训报告

<table>
<tr><td>班级</td><td></td><td>姓名</td><td></td><td>同组人</td><td></td></tr>
<tr><td>实训项目</td><td colspan="5"></td></tr>
<tr><td colspan="3">实训过程：</td><td colspan="3">示意图：</td></tr>
<tr><td>实训总结</td><td colspan="5">签　名
年　月　日</td></tr>
<tr><td>完成时间</td><td>小时</td><td colspan="2">实习成绩</td><td colspan="2"></td></tr>
</table>

技能训练四　全封闭式制冷压缩机检测与观察

一、目的和要求

1）学会全封闭式制冷压缩机的检测方法。

2）初步掌握压缩机常见故障的判断方法。

3）通过对压缩机的观察，进一步熟悉全封闭式制冷压缩机的结构。

二、材料工具、仪器与设备

全封闭式制冷压缩机若干（有好的、有坏的）、固定压缩机的钢壳工作台、万用表一只、摇表一只、钢锯一把、一字形和十字形螺钉旋具若干、带电源线的电源插头、绝缘胶布等。

三、实训步骤

（1）用万用表从一批有好有坏的压缩机中挑选出一台电气性能良好的压缩机，并测量出压缩机外壳三根接线柱间的电阻值，找出起动绕组、运行绕组和它们的公共端。

1）压缩机绕组的识别。用万用表 R×1 挡测量压缩机三接线头任意两点的电阻值，并作记录，最后得到三个不同的电阻值。阻值最大两点为 M、S，另一点即为公共端 C，阻值次之两点为 S、C，阻值最小两点为 M、C，且满足 $R_{MS}=R_{MC}+R_{SC}$。常用压缩机电动机的接线柱位置如图 1-40 所示。图 1-41 所示为冰箱压缩机电动机绕组测量值示意图。

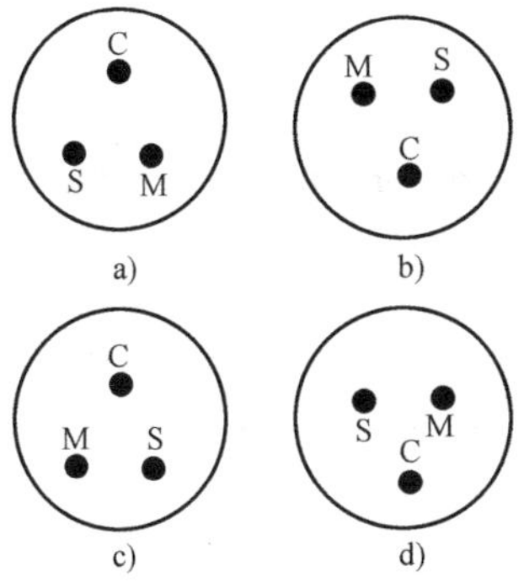

图 1-40　常用压缩机电动机的接线柱位置图

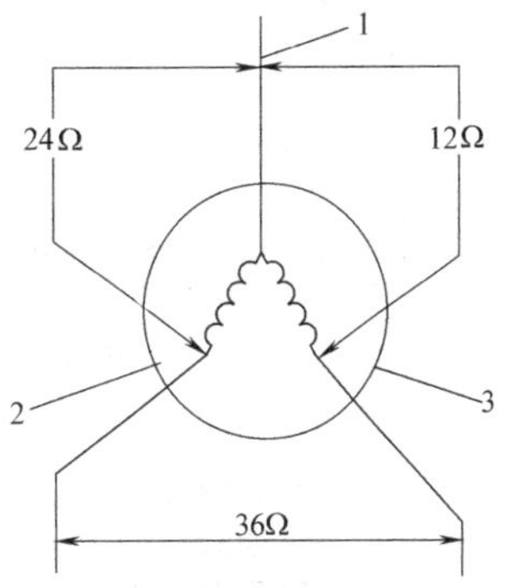

图 1-41　冰箱压缩机电动机绕组测量值示意图
1—公共端　2—起动绕组　3—运行绕组

2）压缩机绕组好坏的判断。若测出的 R_{MC}、R_{SC}数值很大，说明有断路现象，可能是绕组烧断，也可能是内部引线折断。如果测得的阻值很小，说明有短路现象，可能是绕组短路，也可能是内部引线短路。

分别用万用表 R×10k 挡和摇表测电动机三个接线端对机壳的电阻，其阻值均应大于 2MΩ。如果电阻很小，表明绕组已碰壳漏电。

如果上述两项测出的电阻值与正常值相差很大，说明电动机绕组确已损坏，应加以修理。如果上述两项测出的电阻值与正常值相差不多，说明电动机绕组完好，可用直接起动方法试起动压缩机。

（2）通电检查。如果能够起动运转，说明电动机没有故障。如果检查绕组电阻值正常，但不能起动运转，则故障可能发生在压缩机内部，这就需要拆开压缩机详细检查和修理。

（3）用万用表测压缩机起动电流和工作电流。

（4）空载运行正常后，用手指按住排气管，根据手指的感觉判断压缩机性能的好坏。

（5）把有故障的压缩机放在工作台上，用钢锯锯开，取出压缩机组观察内部结构。

（6）根据检测与观察，填写好实习报告。

四、注意事项

1）通电试运行压缩机时，如压缩机不转，必须立即停电，以免烧坏压缩机。

2）空调压缩机的电动机绕组、起动绕组和运行绕组的电阻值差值极小，应精确测量，细心判别。

3）某些国外电冰箱产品中使用电容起动方式的压缩机，它的起动绕组的电阻值反而小于运行绕组，在检测中应引起注意。

五、实训报告

<table>
<tr><td>班级</td><td colspan="2"></td><td>姓名</td><td>同组人</td><td colspan="2"></td></tr>
<tr><td colspan="7">实训项目</td></tr>
<tr><td colspan="2">检测压缩机型号</td><td colspan="2"></td><td>观察压缩机型号</td><td colspan="2"></td></tr>
<tr><td>使用器材</td><td colspan="6">仪器仪表
工具
器材</td></tr>
<tr><td rowspan="3">检测数据</td><td colspan="4"></td><td>接线柱分布图</td><td>检测结果</td></tr>
<tr><td rowspan="2">起动绕组
S-C</td><td rowspan="2">运行绕组
M-C</td><td colspan="2">绝缘电阻</td><td rowspan="2"></td><td rowspan="2"></td></tr>
<tr><td>万用表测</td><td>摇表测</td></tr>
<tr><td>通电检查情况记载</td><td colspan="6">1)空载运行情况________
2)起动电流(　　　)A,工作电流(　　　)A
3)用手指按住排气管,手指的感觉________
4)结论________</td></tr>
<tr><td>内部结构观察记载</td><td colspan="6">内部结构零部件名称:
1. (　　　)2. (　　　)3. (　　　)4. (　　　)5. (　　　)
6. (　　　)7. (　　　)8. (　　　)9. (　　　)10. (　　　)
11. (　　　)12. (　　　)13. (　　　)14. (　　　)15. (　　　)</td></tr>
<tr><td>实训总结</td><td colspan="6">签　名
年　月　日</td></tr>
<tr><td>完成时间</td><td colspan="2">小时</td><td colspan="2">实习成绩</td><td colspan="2"></td></tr>
</table>

【知识拓展】

制冷压缩机日常运行故障的现象解析

在制冷装置的日常运行中，由于操作不当或其他原因容易发生故障，要求操作人员能迅速正确地判断并能妥善排除故障。制冷压缩机可能发生的故障的种类和原因很多，针对日常运行中常见故障、危害、产生的原因分叙如下，以供参考：

（1）压缩机不能正常起动运行：

1）供电电压过低，电动机线路接触不良。

2）排气阀片漏气，造成曲轴箱内压力太高。

3）能量调节机构失灵。

4）温度控制器失调或发生故障。

5）压力继电器失灵。

（2）压缩机起动、停机频繁：

1）由于排气阀片漏气，使高低部分压力平衡，造成进气压力过高。

2）温度继电器幅差太小。

3）由于冷凝器缺水造成压力过高，高压继电器动作。

（3）压缩机起动后没有油压或运转中油压不升起：

1）油泵管路系统连接处漏油或管道堵塞。

2）油压调节阀开启过大或阀芯脱落。

3）曲轴箱油太少。

4）曲轴箱内有氨液，油泵不进油。

5）油泵严重摩损，间隙过大。

6）连杆轴瓦和曲柄销，连杆小头衬套和活塞销摩损严重。

7）油压表阀未打开。

（4）油压过高：

1）油压调节阀未开或开启太小。

2）油路系统内部堵塞。

3）油压调节阀阀芯卡住。

（5）油泵不上压：

1）油泵零件严重摩损，致使间隙过大。

2）油压表不准，指针失灵。

3）油泵部件检修后装配不当。

（6）曲轴箱中润滑油起泡沫：

1）润滑油中混有大量氨液，压力降低时由于氨液蒸发引起泡沫。

2）曲轴箱加油过多，连杆大头搅动润滑油引起。

（7）油温过高：

1）曲轴箱油冷却器没有供水。

2）轴与瓦装配不适当，间隙过小。

3）润滑油中含有杂质，致使轴瓦拉毛。

4）轴封摩擦环安装过紧或摩擦环拉毛。

5）吸、排汽温度过高。

（8）油压不稳定：

1）油泵吸入有泡沫的油。

2）油路不畅通。

（9）压缩机耗油量过大：

1）油环严重磨损，装配间隙过大。

2）油环装反，环的锁口安装在一条垂直线上。

3）活塞与气缸间隙过大。

4）排气温度过高，使润滑油被气流大量带走。

（10）曲轴箱油面过高：

1）油分离器的自动回油阀不灵，油不能自动回曲轴箱而被排走。
2）曲轴箱压力升高。
3）活塞环密封不严，造成了高压向低压串气。
4）排气阀片关闭不严。
5）缸套与机体密封面漏气。
6）曲轴箱内进入氨液，蒸发后致使压力升高。
（11）能量调节机构失灵：
1）油压过低。
2）油管阻塞。
3）油活塞卡住。
4）拉杆与转动环安装不正确，转动环卡住。
5）油分配阀装配不当。
（12）排气温度过高：
1）冷凝压力太高。
2）回气压力太低。
3）回气过热。
4）活塞上死点余隙过大。
5）缸盖冷却水量不足。
（13）回气过热度太高：
1）蒸发器中氨液太少，供液阀开得小。
2）回气管道隔热保温不良或保温层受潮损坏。
3）吸气阀片漏气或破裂。
（14）排气温度过低：
1）压缩机湿冲程。
2）中冷器供液过多。
（15）压缩机吸气压力比正常蒸发压力低：
1）供液阀开度太小，供液不足，因而蒸发压力下降。
2）吸气管路中阀门未全开。
3）吸气管路中阀门的阀芯脱落。
4）系统中供液量不足，虽然开打供液阀，压力仍不上升。
5）吸气过滤器阻塞。
6）回气管路有液囊现象。
7）回气管太细。
（16）压力表指针跳动激烈：
1）系统内有空气。
2）压力表指针松动。
3）表阀开启过大。
（17）压缩机排气压力比冷凝压力高：
1）排气管道中阀门未全开。

2）排气管道内局部阻塞。

3）排气管道设计不合理。

（18）压缩机湿冲程：

1）供液阀开启过大。

2）起动时吸气截止阀开启过快。

单元小结

相对而言，离心式制冷压缩机的结构特点与工作原理有些难度，需要熟悉该内容。要求能熟练掌握往复活塞式制冷压缩机、回转式制冷压缩机的结构特点与工作原理。需要认真完成各项实训项目，以便熟练掌握压缩机的拆装和性能测试。

习题

1-1 制冷压缩机的种类有哪些？各有何特点？

1-2 往复活塞式压缩机由哪些部件组成？

1-3 螺杆式制冷压缩机的喘振是由什么导致成的？

1-4 压缩机油位过低会导致什么后果？

1-5 活塞式制冷压缩机的液击是怎么产生的，应怎么处理？

1-6 压缩机常见的故障有哪些？

1-7 为什么要对制冷压缩机进行自动控制和安全保护？

1-8 活塞式制冷压缩机的安全保护有哪些？

单元二

制冷系统热交换设备

内容构架

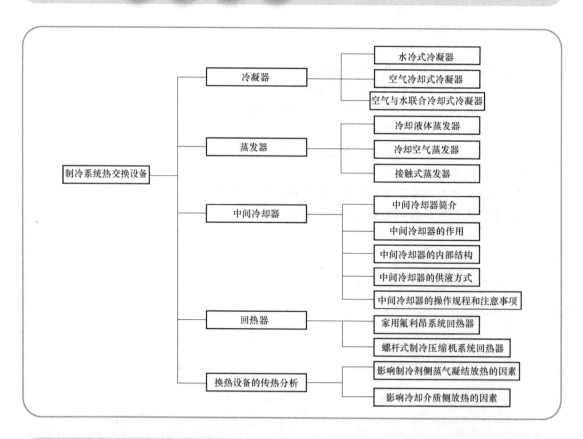

- 制冷系统热交换设备
  - 冷凝器
    - 水冷式冷凝器
    - 空气冷却式冷凝器
    - 空气与水联合冷却式冷凝器
  - 蒸发器
    - 冷却液体蒸发器
    - 冷却空气蒸发器
    - 接触式蒸发器
  - 中间冷却器
    - 中间冷却器简介
    - 中间冷却器的作用
    - 中间冷却器的内部结构
    - 中间冷却器的供液方式
    - 中间冷却器的操作规程和注意事项
  - 回热器
    - 家用氟利昂系统回热器
    - 螺杆式制冷压缩机系统回热器
  - 换热设备的传热分析
    - 影响制冷剂侧蒸气凝结放热的因素
    - 影响冷却介质侧放热的因素

学习引导

目的与要求

1）了解各冷凝器、蒸发器、中间冷凝器及回热器的结构特点和适应性。

2）掌握冷凝器、蒸发器、中间冷凝器及回热器的工作原理。

3）理解影响冷凝器、蒸发器传热的因素。

4）掌握换热器的清洗方法。

重点与难点

重点：掌握冷凝器、蒸发器、中间冷凝器及回热器的工作原理。

难点：冷凝器、蒸发器、中间冷凝器及回热器传热强化。

课题一　冷凝器

【知识要点】

1）了解冷凝器内制冷剂的物理变化。

2）了解冷凝器的种类与结构。

3）掌握各种冷凝器的特点与工作原理。

【相关知识】

在制冷系统中，液体制冷剂在蒸发器中吸收被冷却物体的热量之后，汽化成低温低压的蒸气后被压缩机吸入，并被压缩成高温高压的蒸气后排入冷凝器，在冷凝器中向冷却介质（水或空气）放热，冷凝成为高压液体，经节流阀后节流为低温低压的液态制冷剂，该制冷剂再次进入蒸发器吸热汽化，达到循环制冷的目的。在此过程中，制冷剂从气态到液态的过程称为冷凝，从液态到气态的过程称为蒸发，冷凝器与蒸发器正是从此变化过程中延伸而来的。

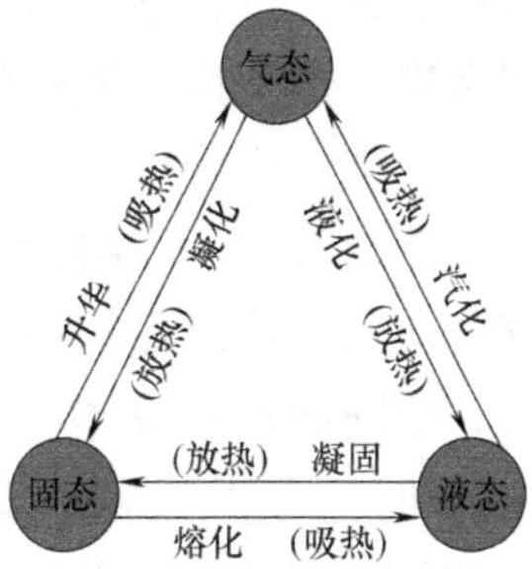

图 2-1　物理变化示意图

冷凝器是可以将气态物质液化成液态的设备，一般会利用冷却的方式使物质液化，如图 2-1 所示。液化过程中物质放出潜热及部分显热，使冷凝器的冷媒温度升高。冷凝器是常见的热交换器，依需求不同，有不同的设计及尺寸，如电冰箱就使用冷凝器将热量从电冰箱内部散发到电冰箱外部的空气中。在空调系统、工业化学程序（如蒸馏）、发电厂及其他热交换系统中都会用到冷凝器，其中许多是以冷却水或空气作为冷媒的。

冷凝器是制冷装置中向系统外输出热量的必需设备，其作用是将压缩机排出的高压过热气态制冷剂冷却冷凝成液态制冷剂，并放热于冷却介质（水或空气）中。在冷凝器内制冷剂发生变化的过程，在理论上可以看成等温变化过程。实际上它有三个作用，一是空气带走了压缩机送来的高温高压制冷剂气体的过热部分热量，使其成为干燥饱和蒸气；二是在饱和温度不变的情况下进行液化；三是当空气温度低于冷凝温度时，将已液化的制冷剂进一步冷却到与周围空气相同的温度，起到过冷冷却作用。冷凝器的作用是将制冷机排出的制冷剂蒸气液化成液体。冷凝器按冷却介质的不同分为水冷式、空气冷却式、空气和水联合冷却式等，以下将逐一介绍。

一、水冷式冷凝器

水冷式冷凝器以水作为冷却介质，靠水带走冷凝热量。冷却水一般循环使用，但系统中需设有冷却塔或凉水池。水冷式冷凝器按其结构形式又可分为壳管式冷凝器和套管式冷凝器两种，常见的是壳管式冷凝器（图2-2）。

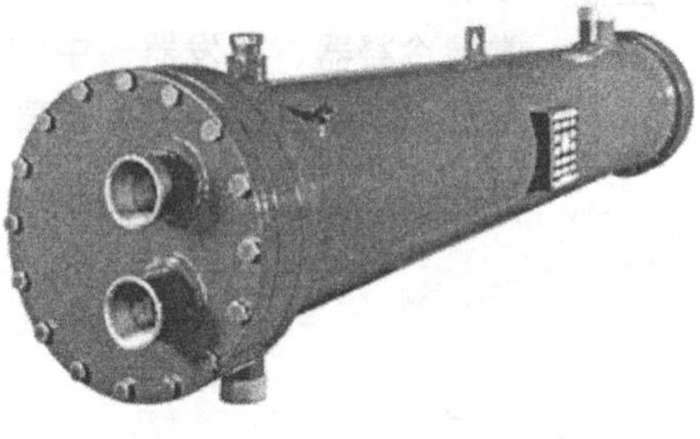

图 2-2　壳管式冷凝器

壳管式冷凝器和壳管式蒸发器相似，是由壳体、管板、传热管束、冷却水分配部件（水盖或分水箱）、冷却水及制冷剂的进出管接头等组成的封闭的水冷式冷凝器。壳管式冷凝器主要应用于水冷冷水机。冷却水是走管程（传热管束内）的，制冷剂都是走壳程（壳体内、传热管束外的空间）的，即高温、高压制冷剂蒸气在传热管外表面冷却、凝结并汇聚到壳体内。

1. 立式壳管式冷凝器

立式壳管式冷凝器多用于氨制冷系统中，它垂直地放在室外混凝土的水池上。

结构：立式壳管式冷凝器的外壳是由钢板焊成的圆柱形筒体，筒体两端焊有多孔管板，在两端管板的对应孔中用扩胀法或焊接法将无缝钢管固定严密，成为一个垂直管簇。

工作原理：立式壳管式冷凝器工作时，冷却水经分水箱均匀地通过水分配装置，在自身重力作用下沿管内壁表面流下；来自油分离器的氨气从冷凝器上部进气管进入筒体的管间空隙，通过管壁与冷却水进行热交换；氨蒸气放出热量，在管外壁面内以膜状凝结，沿管壁流下经下部的出液管流入贮液器；冷凝器内混有的不凝性气体，需经混合气体管通往空气分离器，冷凝器内积聚的润滑油经放油管通往集油器，或随制冷剂液体一起进入贮液器，保证凝结的 氨液及时流往贮液器；安全管、压力表管分别与安全阀和压力表连接，以保证压力容器安全工作，如图 2-3 所示。

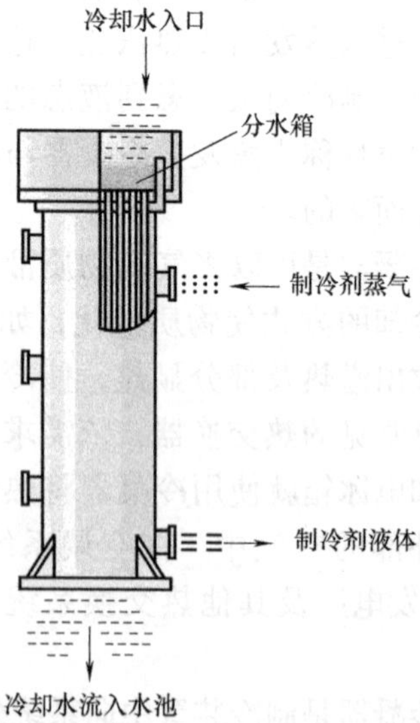

图 2-3　立式壳管式冷凝器的工作原理

优点：传热系数高，冷却冷凝能力强；若循环水池设置在冷却水塔下面，可简化冷却水系统，节约占地面积；可以安装在室外，节省机房面积；对冷却水质要求不高，且在清洗时不需要停止制冷系统的工作。

缺点：立式冷凝器的用水量大；金属消耗量大，比较笨重，搬运安装不方便；制冷剂泄漏不易被发现；易结水垢，需要经常清洗。

适应范围：适用于水质差、水温较高而水量充足的大、中型氨或氟利昂制冷系统。

2. 卧式壳管式冷凝器

卧式壳管式冷凝器（图 2-4）较普遍地应用于强；中、小型氨或氟利昂制冷系统中，尤其在船舶制冷和空调制冷用冷凝机组、冷水机组中应用较为广泛。氨用卧式壳管式冷凝器与氨用立式壳管式冷凝器有类似的壳管结构，主要区别是冷凝器的圆筒形壳体系水平布置。

图 2-4　卧式壳管式冷凝器

结构：壳体内采用由多根 $D25\text{mm} \times 2.5\text{mm}$ 或 $D38\text{mm} \times 3\text{mm}$ 无缝钢管组成的横卧管簇；筒体两端盖配有分水肋片，端盖和筒体端面间夹有橡皮垫片并用螺栓固定；在一端的端盖上有冷却式的进出水管接头，在另一端的端盖上、下各有一个旋塞或闷头以便放空气与泄水；在筒体上部依次安装进气管、平衡管、安全管、压力表管和放气管等管接头，筒体下部安装有出液管接头。

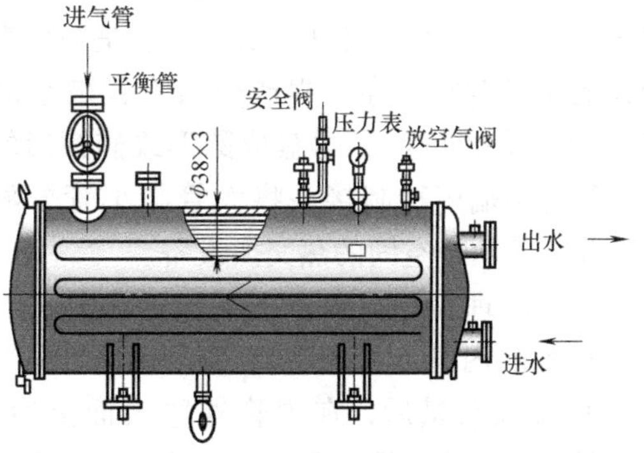

图 2-5　氨用卧式壳管式冷凝器内部结构

工作原理：氨用卧式壳管式冷凝器的冷却水从一端的端盖下部的进水管流入，利用内部有相互配合的分水肋片，冷却水能在管簇内多次往返流动。冷却水往返一个完全流程后从同端端盖的上面出水管流出。冷却水下进上出可充分保证运行过程中的冷凝器管内充满着水，起动时有利于排出管内的空气，另外也符合冷、热流体间的传热流动特性。制冷剂蒸气从筒体上部的进气管进入，在筒体内管间流动，与横管的冷却表面接触后放出热量，即在管子外壁上凝结成液膜。上部管簇在制冷剂一侧有较高的凝结放热系数，下部管簇外壁表面上的液滴增大其液膜厚度，降低放热效果，如图 2-5 所示。

卧式壳管式冷凝器的优点：传热系数高；冷却用水量少；占空间高度小，有利于有限空间的利用；结构紧凑，便于机组化，运行可靠、操作方便。

卧式壳管式冷凝器的缺点：泄漏不易被发现；对冷却水的水质要求高；水温要求低；清洗时要停止工作，卸下端盖才能进行；材料消耗量大，造价较高。

适应范围：与立式壳管式冷凝器相同，适用于水质差、水温较高而水量充足的大、中型氨或氟利昂制冷系统。

3. 套管式冷凝器

（1）氨用套管式冷凝器　氨用套管式冷凝器是用管件将两种直径大小不同的无缝钢管连接成为同心圆的套管，根据冷凝面积需要把多段这种套管连接起来而成。每一段套管称为一程，每程的内管与次一程的内管顺序用 U 形弯管连接，如图 2-6 所示。

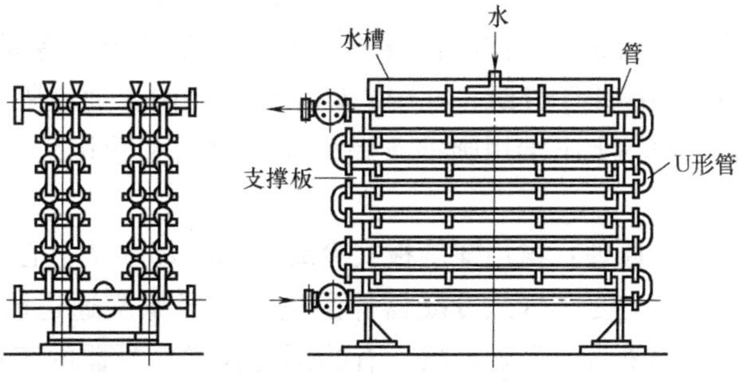

图 2-6　氨用套管式冷凝器

工作原理：两个载热体在冷凝

器中进行热交换时，冷却水自下而上在内管中流动。制冷剂蒸气由上端进入套管间的环隙，在内管外壁表面上冷凝，从内管外壁流到外管底部排出。

优点：由于氨用套管式冷凝器是用标准的无缝钢管（一般外管用 *D*57mm，内管用 *D*38mm）和管件组合而成的，制造较简单，而排数和程数可根据需要增加或拆除，机动性较大；冷液体的流速较大，冷热两流体呈逆向流动，故换热效果较好。

缺点：接头多，容易泄漏；占地面积较大；每单位长度的传热面积有限。

适用范围：氨用套管式冷凝器仅适用于所需传热面积不大的氨制冷装置中。因为套管过长，管内冷却水的流动阻力会增大，同时积聚于外管底部的凝结液体也会增多，并且不凝性气体排出较困难，从而降低了传热效果。

（2）氟利昂用套管式冷凝器　氟利昂用套管式冷凝器的结构如图 2-7 所示。它是一根直径较大的无缝钢管内穿一根或数根直径较小的铜管（光管或外肋管），再盘成圆形或椭圆形的结构，管的两端用特制接头将大管与小管分隔成互不相通的两个空间的热交换设备。

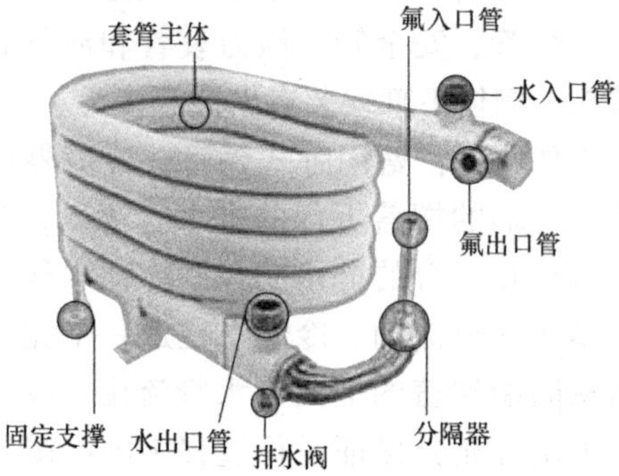

图 2-7　氟利昂用套管式冷凝器

工作原理：冷却水自下端流进小管内，依次经过各圈内管，从上端流出。制冷剂蒸气被冷却水吸收热量后，在内管外壁表面上冷凝，凝结的液体滴到外管底部，依次流往下端出口。

优点：结构简单、紧凑，便于制作；传热性能好。

缺点：金属耗量较大；冷却水的流动阻力较大，使用时要保持足够的冷却水输送压头，否则会降低冷却水的流速和流量，引起制冷系统的冷凝压力上升，影响传热效果。

适应范围：对于小型氟利昂空调机组仍广泛使用。

4. 螺旋板式冷凝器

螺旋板式冷凝器（图 2-8）是一种高效率的热交换器，适用气-气、气-液、液-液对流传热。它适用于化学、石油、溶剂、医药、食品、轻工、纺织、冶金、轧钢、焦化等行业。

结构：由两张厚度为 45mm 的钢板（含有直径为 $\phi 3 \sim \phi 13$mm 圆钢的定距撑，以保持一定的流道和增大螺旋板的刚度）在专用设备上卷成螺旋形，并焊在一块分隔板上，构成一对同心的螺旋板流道。流道始于冷凝器的中心而终止于外缘，在中心处用隔板将两个通道隔开，螺旋通道的上下端用圆钢条焊牢加上封头和管接头（图 2-9）。

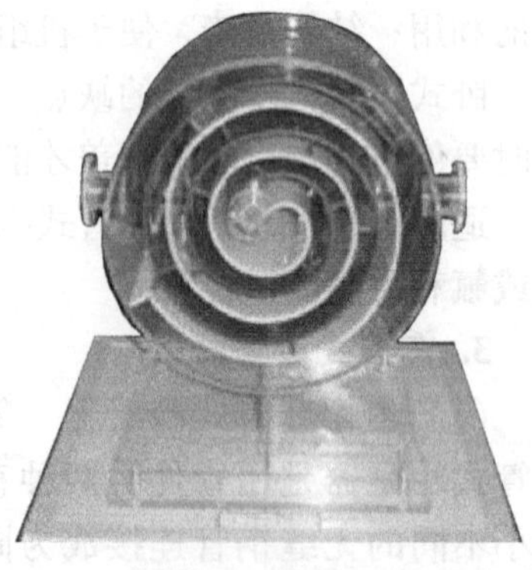
图 2-8　螺旋板式冷凝器实物展示图

工作原理：氨用螺旋板式冷凝器的冷却水从中心下部流入，沿螺旋通道流动，吸热后由外围流出。氨蒸气从冷凝器外围进入，经螺旋通道流动，放出热量后的凝结液体汇集于底部，由出液管排至贮液器。有的螺旋板式冷凝器的工作原理与此相反，冷却水从外围进入，沿螺旋通道至中心，从顶端排出，氨蒸气由中心顶部进入与冷却水进行热交换，凝结的液体

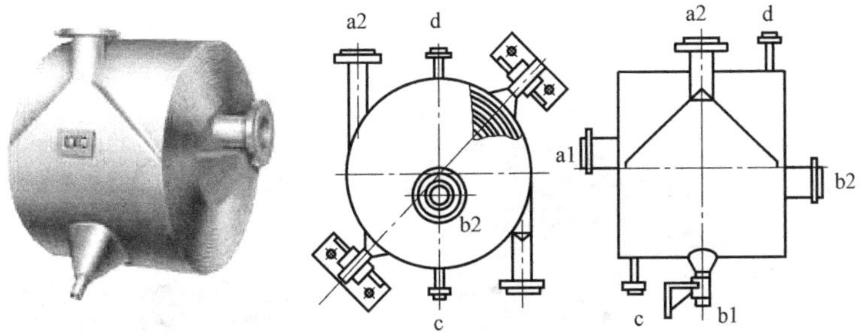

图 2-9　氨用螺旋板式冷凝器

汇集于底部排出。

优点：氨用螺旋板式冷凝器用板材代替管材，使成本降低，结构紧凑，热量损失减少；冷却水在狭道中流速较高，污垢不易沉淀，单位体积的传热面积大，传热系数高。

缺点：制造较复杂，制冷剂侧钢板上承受的压力较大，钢板又不得过厚，承受的压力受到一定限制。

适应范围：用于氨制冷系统中且压强不大于 2.45MPa。

二、空气冷却式冷凝器

以空气为冷却介质的冷凝器称为空气冷却式冷凝器，又称为风冷式冷凝器，其基本结构如图 2-10 所示。

图 2-10　空气冷却式冷凝器

结构：空气冷却式冷凝器一般采用 $D10\text{mm}\times0.7\text{mm}\sim D16\text{mm}\times1\text{mm}$ 的铜管弯制成蛇形盘管。这种冷凝器的冷却介质是空气，故放热系数较小。为了减少管壁两侧放热系数过于悬殊的影响，需要增强空气侧的放热系数，所以在管外套有 0.2～0.6mm 的铜片或铝片做肋片，肋片间距通常为 2～4mm。

工作原理：空气冷却式冷凝器工作时，制冷剂蒸气从冷凝器上端的分配集管进入蛇形盘管内，自上而下的铜管管壁与管外垂直蛇形盘管吹入的在肋片间流动的空气进行热量交换，冷凝后的制冷剂液体从管下端流出。

优点：使用材质少，轻便。

缺点：因以空气作为冷却介质，故必须靠空气的温升带走冷凝热量。

适用范围：适用于极度缺水或无法供水的场合，常见于小型氟利昂制冷机组。根据空气流动方式不同，空气冷却式冷凝器可分为自然对流式和强迫对流式两种。

三、空气与水联合冷却式冷凝器

1. 淋浇式冷凝器

淋浇式冷凝器又称为淋水式冷凝器或大气式冷凝器（图 2-11），主要用于大、中型氨制冷系统中。其结构形式很多，图 2-11 所示是其中的一种。

图 2-11　淋浇式冷凝器

结构：此类淋浇式冷凝器由 2 ~6 组蛇形盘管制成，每组盘管用 14 根无缝钢管构制而成，并用数根角钢支撑，各组之间用角钢固定成一定的间距，蛇形管端采用鸭嘴弯焊接；冷凝器上部有一根放空气集管，与各组蛇形管顶部及下部的贮液器上的放空气管连通；蛇形管的一端支管与出液立管相连成一定的间距；出液立管下端和贮液器相通；在冷凝器的顶部装有配水箱和 V 形配水槽，冷凝器下部一般是水池。

工作原理：淋浇式冷凝器在工作时，氨蒸气由进气总管从蛇形管下部进入，在管内自下向上流动，沿途凝结的液体分别从蛇形管一端的支管及时导出，流入凝液立管及集管，并经冷凝器出液管流入贮液器。冷却水由配水箱分别流入各组配水槽后沿锯齿形缺口溢出，沿 V 形配水槽的斜形挡板往下流，淋浇在蛇形管外表面上。当冷却水自上而下地以水膜的形式流过每根管子外壁面时，吸收管内制冷剂的热量，最后流入水池。氨蒸气在冷凝时放出的热量主要是由冷却水吸收，但也有部分热量被流经管间的空气带走，同时冷却水蒸发也带走部分热量，所以称这种冷凝器为空气与水联合冷却的冷凝器。淋浇式冷凝器一般安装在空气通畅的屋顶或专门的建筑物上，但应避免阳光照射和减少冷却水飞溅的损失。

优点：结构比较简单，可就地加工制作，安装较方便；便于清洗水垢和检修；检修时分组进行，可不必停产；对水质要求低，用水量比壳管式冷凝器要少。

缺点：易受气候条件影响，当气温和湿度较高时其传热系数会明显下降，冷却水需求量增大；占地面积、金属耗用量也较大。

适用范围：适用于气温与湿度都较低、水源一般、水质较差的地区及空气通畅的场合；主要用于大、中型氨制冷系统中；可以露天安装，也可安装在冷却塔的下方，但应避免阳光直射。

2. 蒸发式冷凝器

蒸发式冷凝器利用水在蒸发时吸收潜热而使制冷剂蒸气凝结。

结构：蒸发式冷凝器的传热部分是用光滑管或翅片管组成的蛇形管组，制冷剂蒸气经气体集管分配给每一根蛇形管；冷凝液体则经液体集管流入贮液器中；箱体的底部为一水池，水池的水位用浮球液位控制器控制（图 2-12）。

工作原理：冷却水由循环水泵送至冷凝器管组上方，经喷嘴或重力配水机构喷淋到蛇形管组上，沿冷凝器管的外表面呈膜状下流，最后汇集在水池中；当水流经冷凝器管组时，主

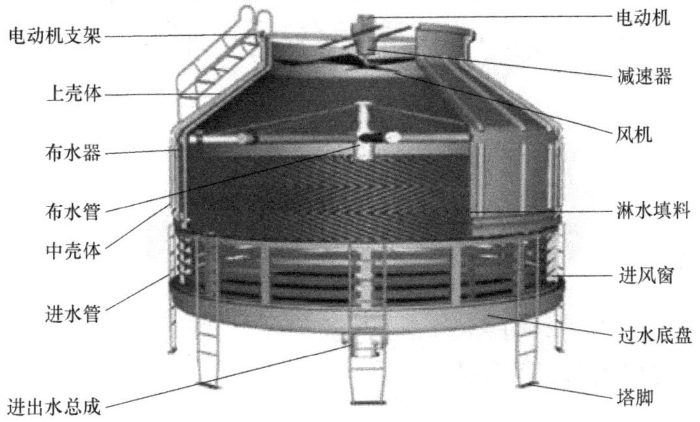

图 2-12　蒸发式冷凝器

要依靠水的蒸发使管内制冷剂蒸气冷却和液化，如图 2-13 所示。

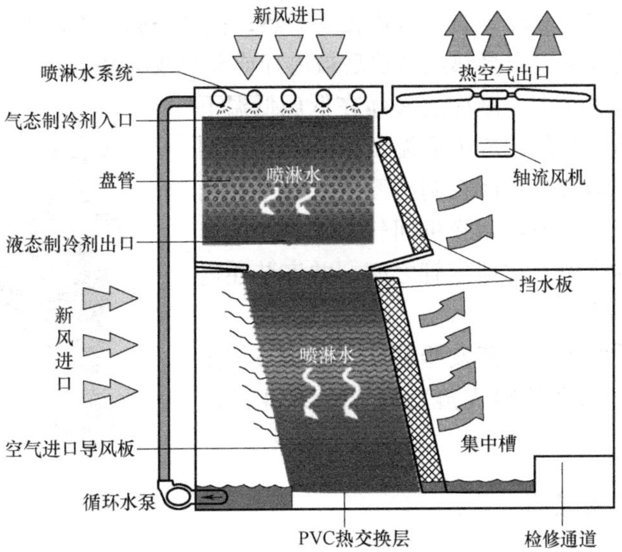

图 2-13　蒸发式冷凝器工作原理示意图

空气的作用：冷凝器管组使用通风机使空气由下而上地在水膜外表面吹过，主要是将水膜表面蒸发的水蒸气及时带走，并创造水膜能够连续不断蒸发的有利条件。

管内制冷剂蒸气被冷却和液化时放出的热量首先传给水膜，使水膜蒸发，而水膜蒸发成水蒸气时就以潜热的方式把这部分热量带给空气。

补充新鲜水：由于循环水不断在冷凝器表面蒸发及被空气吹散夹带，因此需要经常补充新鲜水。由于循环使用的水不断蒸发，水池内水的含盐量也会越来越高。含盐的增高将使管外侧结垢严重，蒸发式冷凝器应使用软水或经过软化处理水，并且水池也需定期换水。

优点：蒸发式冷凝器内空气的流动只是为了能及时地带走冷却管外表面蒸发的水蒸气，因此不需要过大的风量，否则会增大冷却水吹散的损失；由于蒸发式冷凝器的用水量少，结构紧凑，可安装在厂房屋顶上，节省占地面积，所以其应用日益增多。

缺点：蒸发式冷凝器中冷却水不断循环使用，水温和冷凝压力都比较高；冷却水在管外蒸发，易结水垢，清洗又较为困难，因此适用于气候干燥和缺水地区，并要求水质好或者使用经过软化处理的水。

课题二　蒸发器

【知识要点】

1）了解蒸发器的种类与结构。

2）掌握蒸发器的工作原理和特点。

【相关知识】

蒸发器是制冷系统中用于制冷剂与低温热源间进行热交换的设备，也是制冷设备中的主要设备之一。蒸发器一般都属于间壁式换热器，即制冷剂与被冷却介质在换热间壁两侧进行热交换。在制冷剂一侧，制冷剂通过汽化相变吸热；在另一侧，被冷却介质总是连续地流过换热间壁，根据工艺要求放出显热或全热后被冷却或液化或冻结。

工作原理：在蒸发器中，制冷剂液体在低压低温下汽化吸收被冷却介质的热量，成为低温低压下的制冷剂干饱和蒸气或过饱和蒸气，从而在制冷系统中产生和输出冷量。蒸发器位于节流阀和制冷机回气总管之间或连接于气液分离设备的供液管和回气管之间，并安装在需要冷却、冻结的冷间或场所。

根据被冷却介质的不同，蒸发器可分为冷却液体蒸发器、冷却空气蒸发器和接触式蒸发器。图 2-14 所示是家用空调蒸发器。

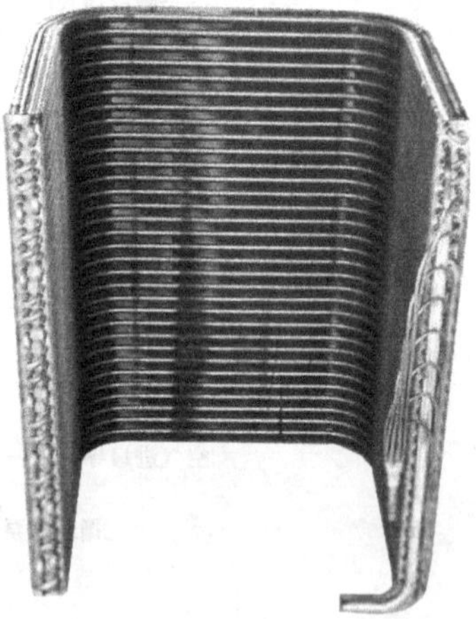

图 2-14　家用空调蒸发器

一、冷却液体蒸发器

这类蒸发器冷却的载冷剂有水、盐水或者其他液体。载冷剂液体用泵做强制循环，根据使用条件可采用开式循环和闭式循环。常用的两种是沉浸式蒸发器和卧式壳管式蒸发器。

1. 沉浸式蒸发器

这类蒸发器有立管式、螺旋管式和蛇管式等。

（1）立管式蒸发器　目前，立管式蒸发器（图 2-15）还只用于氨制冷装置中。

结构：全部由无缝钢管焊制而成。按照不同的容量要求，蒸发器列管以组为单位，由若干组列管组合而成。每一组列管上各有上下两根直径较大的水平集管（一般选用 *D*124mm × 4mm 的无缝钢管），上面的集管称为蒸气集管，下面的集管称为液体集管。沿集管的轴向焊接有四排直径较小、两头稍有弯曲的立管（通常选用 *D*57mm × 3.5mm 或 *D*38mm × 3mm 的无缝钢管）与上下集管接通，另外沿集管的轴向每隔一定的间距焊接一根直径稍大

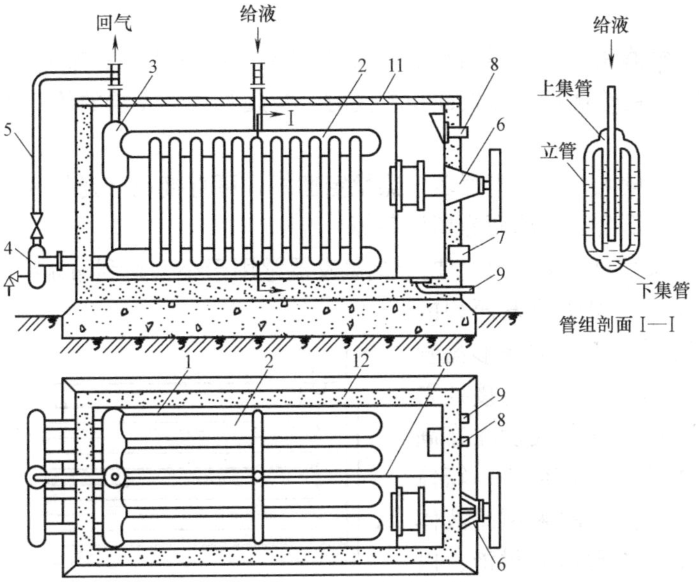

图 2-15 立管式蒸发器

1—水箱 2—管组 3—液体分离器 4—集油罐 5—均压管 6—螺旋搅拌器 7—出水口 8—溢流口 9—泄水口 10—隔板 11—盖板 12—保温层

（*D*76mm×4mm）的粗立管。上集管的一端焊有一个气液分离器，分离回气中的液滴，防止其进入制冷压缩机。气液分离器的下液管与蒸发器的下集管相通，使得分离出来的液体能回到下集管。下集管的一端用一平管与集油包相连。氨液从中间的进液管进入蒸发器，进液管一直插到 *D*76mm 立管的下部，便于使液体迅速进入蒸发管，并可利用氨液流进时的冲力增强蒸发器氨液的循环。

工作原理：较小管径的立管中的制冷剂的汽化强度大，促使氨液上升，相应使直径较大的立管中的氨液下降，形成循环对流。蒸发过程中产生的氨蒸气沿上集管进入气液分离器中，由于流速的减慢和流动方向的改变，使得蒸气中携带的液滴分离出来。饱和蒸气上升经回气管由制冷压缩机吸走，制冷剂液体则返回到下集管中。润滑油积存在处于蒸发器最低位置的集油包中，定期放出。

适应范围：一般用于开式水或盐水循环系统，蒸发器整体沉浸于盐水或水箱中。

（2）螺旋管式蒸发器 螺旋管式蒸发器是对立管式蒸发器进行改进后的产品。

结构：螺旋管式蒸发器的基本结构和载冷剂的流动情况与立管式蒸发器相似，不同之处是以螺旋管代替了立管，其外观如图 2-16 所示。

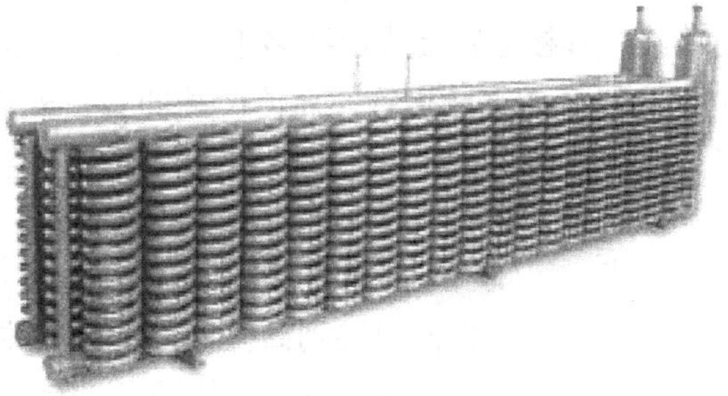
图 2-16 螺旋管式蒸发器

工作原理：螺旋管式蒸发器在工作时，氨液由端部的粗立管进入下集管，再由下集管分配到各根螺旋管中；吸热汽化后的制冷剂经气液分离器分离，干饱和蒸气被引出蒸发器，饱和液体则再回到蒸发器的螺旋管内吸热。

与直立管式蒸发器相比较，螺旋管式蒸发器具有焊接接头少、节省加工工时、结构紧凑，降低金属材料消耗等优点。蒸发面积相同时，螺旋管式蒸发器的体积要比立管式蒸发器小得多。

优点：载冷剂容量大，冷量贮存多，热稳定性好；可直接观察到载冷剂的流动情况，便于操作管理和维修；不会因结冰而冻坏设备等。

（3）蛇管式（盘管式）蒸发器　蛇管式蒸发器常用于小型氟利昂制冷装置。

结构：蛇管式蒸发器按蒸发面积的需要由一组或几组铜管弯成的蛇形盘管组成；为了防止泄漏，其所有连接处采用铜焊或银焊焊接；蒸发器浸没在盛满载冷剂（水或盐水等）的箱体中，箱体一端装有搅拌器，节流后的氟利昂液体由供液分配器向多组蛇形盘管供液，以保证各组蛇形盘管供液均匀；制冷剂液体从蒸发器上部进入，吸热汽化后的蒸气由下部导出，利用较大的回气流动速度将润滑油带回制冷压缩机；载冷剂在搅拌器推动下循环，与管程内流动的制冷剂进行热交换，其内部结构如图 2-17 所示。

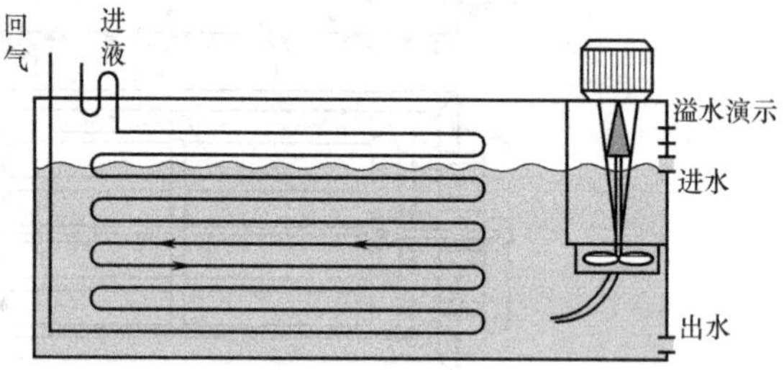

图 2-17　蛇管式蒸发器

特点：由于蛇形盘管排得较密，载冷剂在循环流动时的流动阻力也较大，流速较慢，加之蛇形管下部充满制冷剂蒸气，使得这部分盘管传热面积不能充分利用，因此平均传热系数较低。

2. 卧式壳管式蒸发器

卧式壳管式蒸发器主要用于冷却载冷剂，分为满液式蒸发器和干式蒸发器两大类。

（1）满液式蒸发器　这类蒸发器正常工作时筒体内要充注沿垂直方向 70% ~80% 高度的制冷剂液体，因此称为满液式，其外观如图 2-18 所示。满液式蒸发器的结构和冷热流体相对流动的方式与卧式壳管式冷凝器相似。在满液式蒸发器中，制冷剂走管外，载冷剂走管内，载冷剂下进上出。

图 2-18　满液式蒸发器

结构：筒体是用钢板卷焊成的圆柱形，两端焊有多孔管板，管板上胀接或焊接多根 D25mm × 2.5mm ~ D38mm × 3mm 的无缝钢管。筒体两端的管板外再装有带分水肋片的铸铁端盖，形成载冷剂的多程流动；一端端盖上有载冷剂进液、出液管接头，另一端端盖上有泄水、放气旋塞；管板与端盖间夹有橡皮垫圈，端盖用螺栓固定在筒体上；在筒体上部设有制冷剂回气包和安全阀、压力表、气体均压等管接头，回气包上有回气接头；筒体中下部侧面有供液、液体均压等管接头（也有将供液口接到筒体上部的，液体均压管在下集油包上）；筒体下部设有集油包，包上有放油管；在回气包与筒体间还设有钢管液面指示器。

工作原理：如图 2-19 所示，制冷剂液体节流后进入筒体内管簇空间，与自下而上做多程流动的载冷剂通过管壁交换热量；制冷剂液体吸热后汽化上升，回到回气包中进行气液分离，气液分离后的饱和蒸气通过回气管被制冷压缩机吸走，制冷剂液体则流出回气包，进入蒸发器筒体继续吸热汽化；润滑油沉积在集油包里，由放油管通往集油器被放出。

氟用壳管式蒸发器的基本结构与氨用的相似，不同的是氟用壳管式蒸发器体内的换热管用直径为 D20mm 以下的纯铜管或黄铜管滚压成薄壁低肋片管，以增强传热效果。

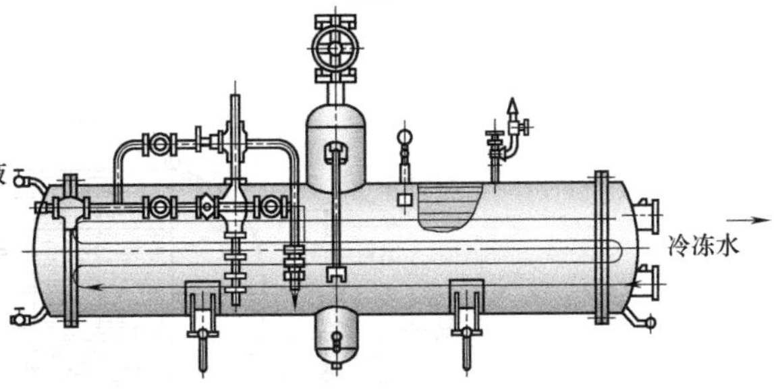

图 2-19　满液式蒸发器工作原理示意图

优点：结构紧凑，占地面积小；传热性能好，制造和安装方便；用盐水做载冷剂时不易腐蚀，可避免盐水的浓度被空气中的水分稀释。

缺点：制冷剂充注量大，由于制冷剂液体静压力的影响，使其下部液体的蒸发温度提高，从而降低了蒸发器的传热温差。

适用范围：广泛用于船舶制冷、制冰、食品冷冻和空气调节中。

（2）干式蒸发器　干式蒸发器主要应用于氟利昂制冷系统中。这种蒸发器的制冷剂液体走管内，因而制冷剂的充注量较少。干式蒸发器换热管的排列形式有直管式和 U 形管式等。

1）直管式蒸发器。直管式蒸发器的结构与满液式蒸发器相似，不同点是在多根水平光滑铜管上套有许多块相互颠倒排列的切去弓形面积的圆形折流板。

制冷剂液体流程：经节流后蒸发器一端端盖的下方进口进入管内，经 2 ~4 个流程吸热后由同侧端盖上方出口流出，其内部结构如图 2-20 所示。

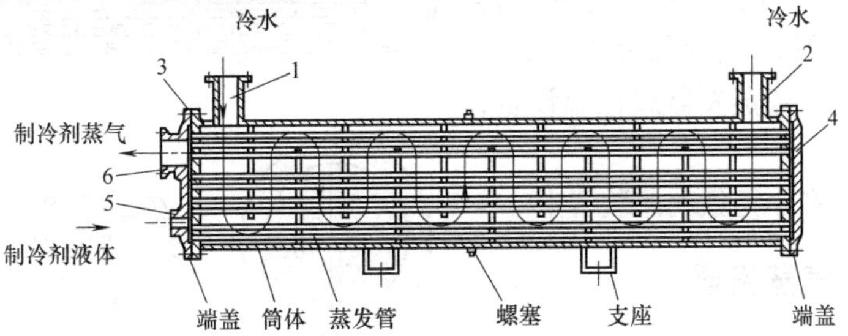

图 2-20　直管式蒸发器

1—冷冻水入口　2—冷冻水出口　3—温度计放置处　4—折流挡板　5—制冷剂液体入口　6—制冷剂蒸气出口

制冷剂在直管式蒸发器内的流动形式有单进单出、双进单出、双进双出等不同形式。图 2-21 所示为双进单出流程中两端盖分水肋片的示意图。

工作原理：载冷剂在壳程内的管间流动，自壳身上方一端（或侧面）进入，在折流板阻挡下经过多次折流，由筒身的另一端上方（或侧面）流出，从而增强了传热效果。若增大制冷剂在管内的流速，则阻力会相应增大，这一限制直接影响了蒸发器的传热效果。

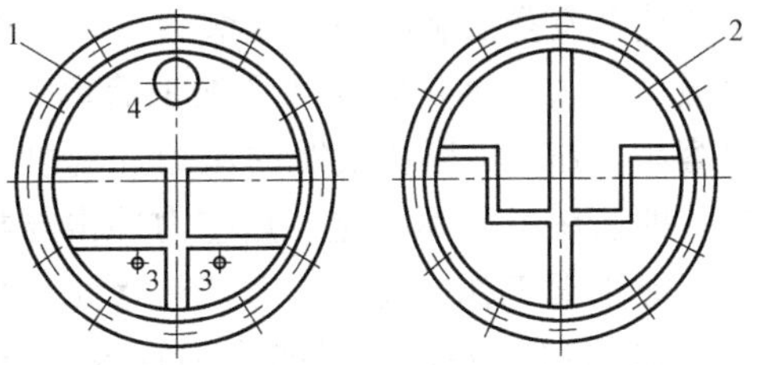

图 2-21　两端盖分水肋片

1—前端盖　2—后端盖　3—制冷剂进口　4—制冷剂出口

2）U 形管式蒸发器。

结构：U形管式蒸发器由多根半径不等的U形管组成，内部结构如图2-22所示，这些U形管的开口端胀接在同一块板上，其他如壳体、折流板和制冷剂、载冷剂的流动方式与直管式相同。

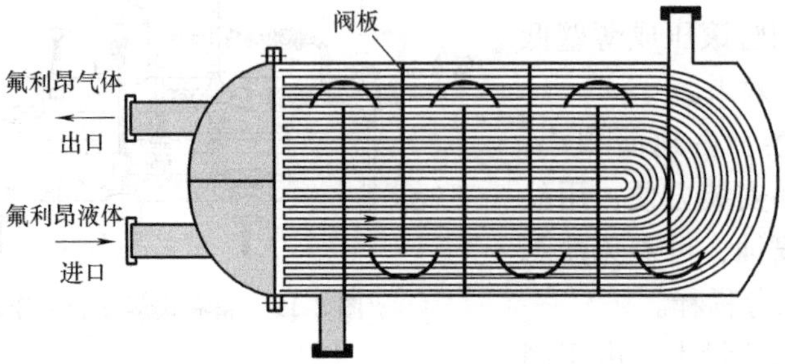

图2-22 U形管式蒸发器

工作原理：在U形管蒸发器中，制冷剂液体节流后由端盖下部进入，经过两个流程吸热蒸发后从端盖上方的出口引出。

优点：制冷剂静压力影响较小，排油方便，载冷剂结冻不会胀裂管子，制冷剂液面容易控制；结构紧凑，传热系数高。不会因不同材料膨胀系数的差异而产生内应力；可以方便地将U形管束抽出来进行清洗。

缺点：制冷剂在管组内供液不均匀，折流板（图2-23）制造与安装比较麻烦；在载冷剂侧折流板的管孔和管子之间，折流板外周与壳体容易产生泄漏旁流，从而降低其传热效果；干式蒸发器属低温设备，壳体需要做隔热层。

适用范围：用在小型氟利昂装置上。

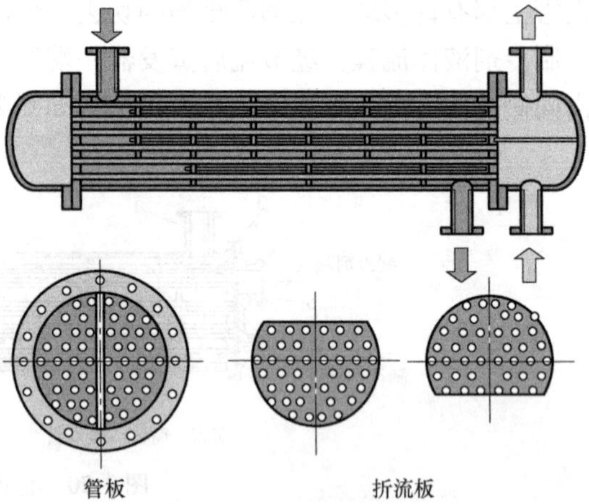

图2-23 折流板形式

二、冷却空气蒸发器

1. 家用空调用翅片管式蒸发器

翅片管式蒸发器如图2-24所示。它基于制冷与低温技术中的特定工作条件，绝大多数场合都使用间壁式换热器，其中尤以传热元件为管子的热交换器在制冷与低温装置中应用最为广泛，历史也最为悠久。这是因为圆管加工简单，工艺成熟，市场上容易得到，可以在很宽的压力和温度范围内可靠地工作，即使在工况不稳定、热应力冲击与机械振动等条件下仍能正常工作。此外，对传热管元件比较容易实现强化传热的加工要求，诸如传热管内、外两侧加翅片，以及加工出所要求的翅片形状，以实现强化传热；可使整个换热器传热效率高，结构紧凑，尺寸小，重量轻，

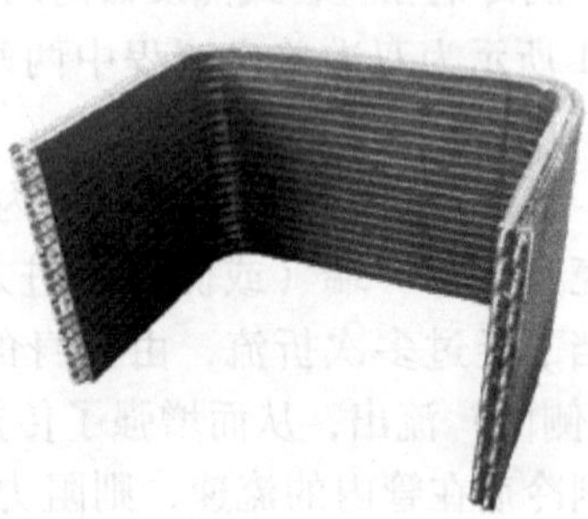

图2-24 翅片管式蒸发器

流动阻力也较小。

值得注意的是，由于管壁厚度与肋片厚度相差许多倍，所以在换热器工作过程中受到热胀冷缩的影响，管子和肋片的线胀系数不尽相同，故两者之间易产生相对运动。经过一段时间的工作之后，肋片上的基孔在这种情况下被逐渐扩大，管与片之间由胀管所造成的塑性变形内应力会随之下降，接触应力相应减低，从而引起接触热阻增大，换热效率降低，在汽车空调器中这个问题更值得重视。

2. 电冰箱用吹胀式蒸发器

吹胀式蒸发器目前在国内外家用电冰箱中应用十分普遍。铝复合板式蒸发器利用预先以铝-锌-铝三层金属板冷轧而成的铝复合板，按蒸发器所需的尺寸裁切好，平放在刻有管路通道的模具上加压，并用电加热到440～500℃，待复合板中间的锌熔化后，以2.4～2.8MPa的高压氮气吹胀便形成管形，经过数秒后再进行抽空，冷却后，锌层便与铝板粘合，之后可以将其弯曲成所要的形状，再将其搭边铆接。吹胀式蒸发器实物图如图2-25所示。

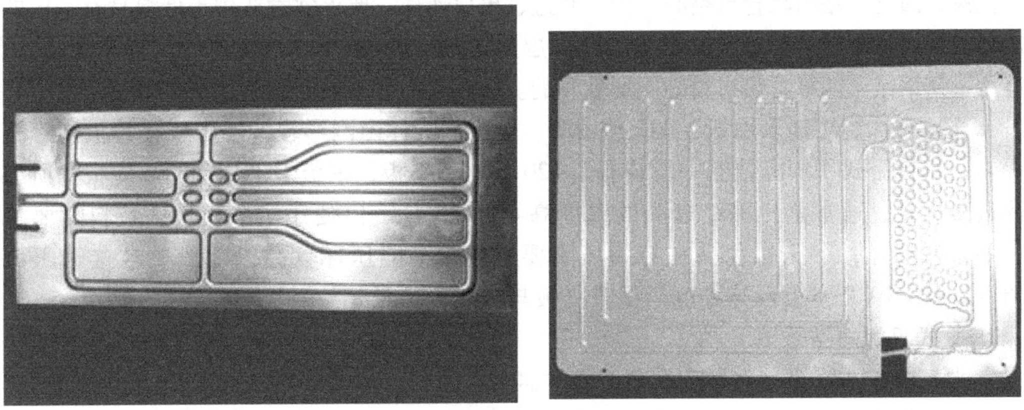

图2-25　吹胀式蒸发器实物图

3. 冷库用蒸发器

冷库常用翅片管式蒸发器，其结构也是传热管段外套翅片，增加空气侧换热能力，其结构图与实物图分别如图2-26和图2-27所示。

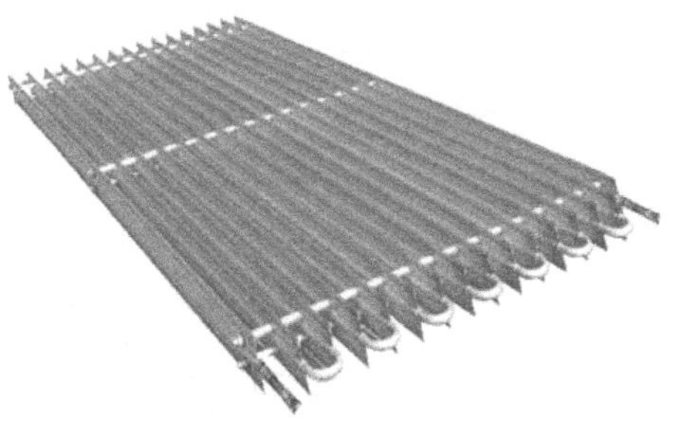

图2-26　冷库用蒸发器结构图

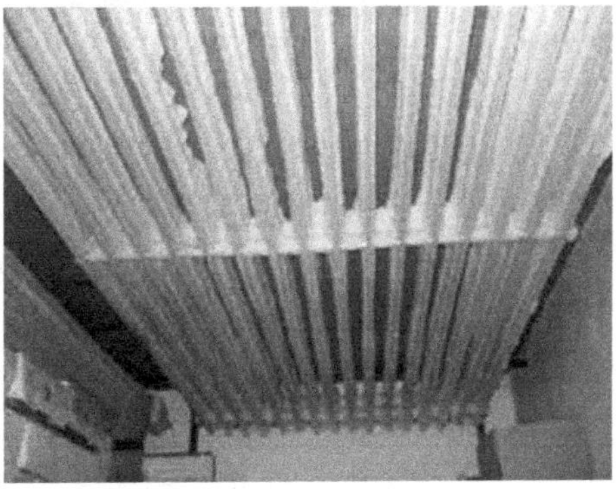

图2-27　冷库用蒸发器实物图

总的来说，冷却空气蒸发器具有以下特点。

1）制冷剂在蒸发器的管内流动。

2）空气在管外流动。

3）根据工程的需要，管外空气的流动，有自然对流和强迫对流两种形式。

三、接触式蒸发器

接触式蒸发器又称为接触式平板冻结装置，是将冻结或冷却的食品直接与空心板外侧传热壁面接触，平板内腔流通制冷剂或低温盐水与食品进行热交换。在接触式蒸发器中，不采用空气或者液体做中间传热介质，因此传热性能好。平板冻结器的形式很多，按空心平板的设置位置可分为卧式和立式两类，它们的工作原理相似。

1. 卧式平板冻结器

结构：卧式平板冻结器由制冷系统、液压控制系统、机架、空心平板、连接软管及壳体等构成；空心平板设置在型钢制成的机架内，由液压系统控制平板的松开、压紧及进料；制冷系统的供液、回气管路用软管与空心平板内腔进、出口连接，要求软管适用于低温且有一定的强度。目前采用特制橡胶管做连接软管，其内层用丁基橡胶加 2～3 层编织物，外包金属保套，也有用不锈钢或聚四氟乙烯衬里的网形软管的。卧式平板冻结器的结构如图 2-28 所示。

工作原理：制冷剂采用氨、R12 或 R22。制冷剂气体由网形软管经回气集管被制冷压缩机吸走。每台卧式平板冻结器一般装有 5～20 块空心平板，平板上下运动距离应根据所冻结食品高度而定，通常是比冻结食品的厚度高 40～50mm，以便于进、出料。装料时要求紧密，不留有空隙，下压时食品在板间压紧要适度，不能压坏食品，一般要求接触压力为 $0.68 \sim 2.94 \times 10^4$Pa。食品冻结好后提升平板与冻结食品脱开、出货。

2. 立式平板冻结器

立式平板冻结器的结构与卧式平板冻结器基本相同，如图 2-29 所示。

结构：由机架、空心平板、液压系统、制冷系统和进、出料装置等组成；空心平板是自立平行排列，一般每台装有 20 块左右。

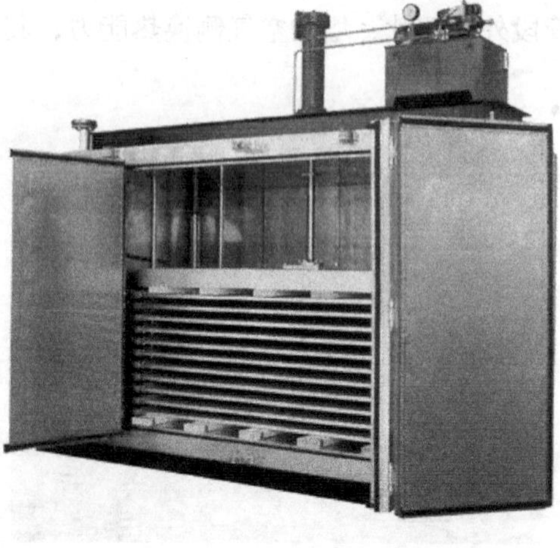

图 2-28　卧式平板冻结器

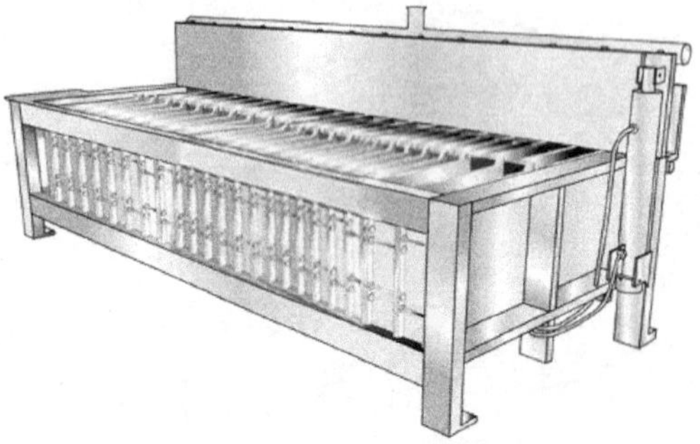

图 2-29　立式平板冻结器

工作原理：平板沿着机架两端的两根支托导轨上、下移动，平板内腔流通着制冷剂或低温盐水。冻结前将散装食品由上部直接倒入空心平板间，冻结食品的重量和尺寸由空心平板的面积和结构决定，一般采用每块重25kg，尺寸为600mm×450mm×110mm，以便于搬运和堆垛。食品冻结完后用热氨或热盐水在空心平板内流通、融冻，并操纵液压系统提升平板，使冻结食品落入托板上，由出料推板推出。

优点：冻结时间短，劳动强度低，耗电量要比冷风机冻结少1/3；冻结产品质量好，成形规格易于用铲车搬运和堆码，提高了库存量；结构紧凑，占地面积小等。

适用范围：一般车间、船舶在常温环境中皆可使用；卧式平板冻结器多用于冻结鱼类、肉类、畜禽副产品、水果蔬菜和其他小包装食品，立式平板冻结器则适用于冻结不包装的和各类散装食品；平板冻结器的冻结速度与食品厚度有关，食品厚度以不超过120mm为宜。

课题三　中间冷却器

【知识要点】

1）了解中间冷却器的作用和结构。
2）掌握中间冷却器的工作原理。
3）熟悉中间冷却器的应用。

【相关知识】

一、中间冷却器简介

中间冷却器（图2-30）是适用于双级压缩制冷系统的压力容器，它对确保双级压缩制冷系统的安全运行，达到制冷系统运行的最佳状态极为重要。中间冷却器一般应用于冷库设计双级压缩制冷系统，其作用是使低压级排出的过热蒸气被冷却到中间压力相对应的饱和温度，以及使冷凝后的饱和液体被冷却到设计规定的过冷温度。为了达到上述目的，需要向中间冷却器供液，使之在中间压力下蒸发，吸收低压级排出的过热蒸气与高压饱和液体所需要移去的热量。

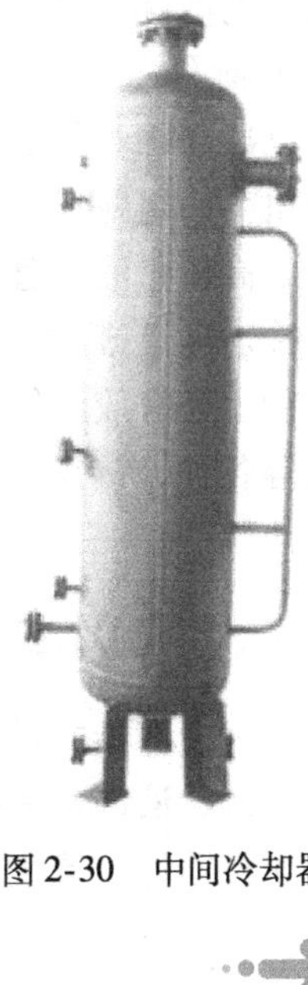
图2-30　中间冷却器

中间冷却器把低压级压缩机排出的过热气体冷却到相应压力下的饱和气体，并通过蛇形盘管使高压贮油桶来的氨液起到再冷却的作用。冷库设置的中间冷却器，一般采用一次节流中间完全冷却的方式。因此，掌握中间冷却器的供液量是操作的主要环节。

高压级的吸气温度应比相应压力下的饱和温度高2~4℃。这是因为中间冷却器进气管平衡孔散出的一部分过热气体得不到充分冷却，以及回气管道中过热等原因所致。例如，中间压力是3.5kgf/cm^2（表压），相应的饱和温度是1℃（查氨的热力性质表），高压级的吸入温度为3~5℃是较为适当的。吸入温度过低，说明供液过多；吸入温度过高，说明供液量少，回气过热。又如中间压力是 $2kgf/cm^2$（表压），相应的中间温度是 -9℃，高压级的吸气温度为 -7～5℃较为适当。因此，高压级的吸气温度是随中间压力的变化而相应变化的，只有将其控制在适当的范围内才是正常的。

二、中间冷却器的作用

在以氨为冷媒的制冷系统中，当蒸发温度要求低于 -30℃时，压缩机的压缩比（冷凝压力与蒸发压力的比值）大于8，这样就会使制冷压缩机的排气温度升高，冷冻油的黏度降低，造成润滑条件恶化，致使制冷压缩机的运转困难。在这种情况下，按规范应使用中间冷却器，以降低低压级的排气温度。中间冷却器在双级压缩制冷系统中主要起3个作用。

1）降低制冷压缩机低压级气缸的排气温度，使排气冷却到在中间压力下的干饱和蒸气。再被制冷压缩机的高压级气缸吸入，以免高压级排气温度过高。

2）使从冷凝器出来的高温、高压液体在节流前得到过冷，减少节流过程中产生的闪发气体，以提高蒸发器的换热效率。

3）在一定程度上起到分离油的作用，可以将制冷压缩机低压级排气带出的润滑油改变流动方向，降低流速，并进行洗涤和降温，使其分离出来，并通过中间冷却器的放油管定期排放至集油器。

三、中间冷却器的内部结构

中间冷却器用于一级节流中间完全冷却的双级氨压缩制冷系统中。其内部结构如图2-31所示，特点是：进气管从桶体顶部封头深入桶内，一直往下沉浸在正常氨液面下150～200mm，以保证低压排气能被充分洗涤和冷却。进气管下端开口并有底板，以避免进气直接冲击桶底，将润滑油冲起。桶体上部两块多孔伞形挡板可分离蒸气中的液滴。进气液面以上的管壁上开有一个压力平衡孔，可以避免停机时氨液进入氨气管道。已冷却的蒸气从上部侧面的出气管去往高压压缩机。一组蛇形盘管设置于桶体下部，从贮氨器来的高压氨液被管外中间温度的氨液冷却而达到过冷。桶上排放液管与排液桶或低压循环桶连接，桶上还有放油管、压力表、安全阀和液位指示器等各种管接头。冷库设备的中间冷却器必须包隔热层。

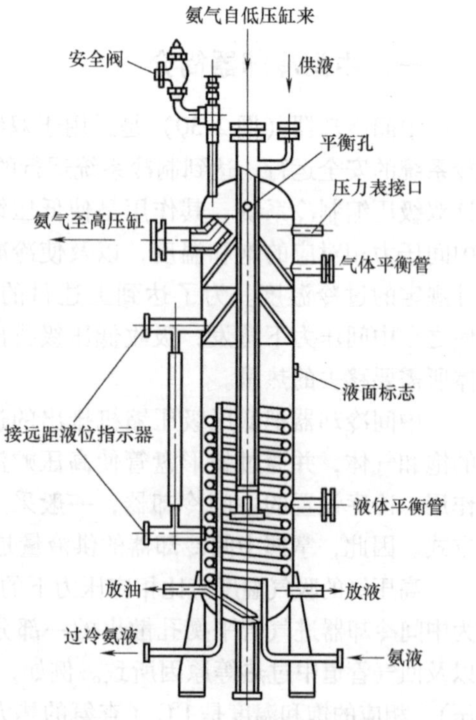

图2-31　中间冷却器的内部结构

四、中间冷却器的供液方式

中间冷却器的供液一般是用手动调节阀或浮球阀控制，液面水平控制在指示器（液位指示器或金属液面计）高度的50%左右。液面过低不能使低压级压缩机排出的气体得到充分的冷却，且会使高压级压缩机吸气过热、效率降低；液面过高容易引起高压级压缩机湿冲程。

使用手动调节阀时，应根据指示器的液面高度和高压级压缩机的吸气温度，掌握阀门（图 2-32）开启度的大小。根据设备的情况，阀门开启度一般控制在 1/12 ~ 1/6 圈。

浮球阀供液为自动调节供液量，因此主要检查液面和高压级压缩机的吸气温度是否符合要求。若不符合要求，说明浮球阀供液失灵，可改用手动供液，待检修后再用自动供液。

图 2-32 阀门

五、中间冷却器的操作规程和注意事项

1. 中间冷却器的操作规程

1）在使用中，要开启中间冷却器的进汽阀、出汽阀、浮球供液阀（或电磁阀控制阀）、指示器阀、蛇形盘管进出液阀和安全阀，关闭产油阀和排液阀。

2）中间冷却器的供采用浮球或液位计，自动调节供液量，液体控制在指示器高度的 50% 处。自动供液阀发生故障改为手动时，操作人员根据指示器所示的液位高度和压缩机高压级吸气温度，严格控制供液量，避免造成高压级压缩机的湿冲程。

3）在使用中间冷却器的过程中，操作人员应根据机器的耗油量，每天放油一次。

4）中间冷却器停止工作时，压力不得超过 0.39MPa。若超过上述压力时，须及时减压。如中间冷却器较长时间不用，须将中间冷却器内的液体排空。

2. 中间冷却器的操作注意事项

由于技术原因，中间冷却器在制冷系统中大多采用手动操作，所以在实际运行中必须注意以下注意事项。

1）中间冷却器的正常液面是双级压缩制冷系统正常运行的一个重要条件，应经常观察电磁阀是否失灵（正常工作时，顶部应微热），控制合适的注液量。

2）应根据压缩机的耗油情况定期放油，可根据液位指示器上部结霜、下部不结霜来确定中间冷却器内存油的多少。

3）压缩机停止运行时，应提前停止中间冷却器供液。若中间冷却器的液面低于 30% 时，不得启动压缩机，应先适当补充氨液。中间冷却器的正常工作压力不应大于 0.4MPa，停止工作时的压力不应高于 0.6MPa，否则应及时降压。其液面不得超过 70%，否则要排液。

课题四 回热器

【知识要点】

1）熟悉回热器的结构。

2）掌握回热器的工作原理。

【相关知识】

一、家用氟利昂系统回热器

氟利昂制冷系统采用的回热式热交换器是气液回热器，它使经冷凝器冷凝后的制冷剂液体先通过回热器降温再流向节流阀，以及使经过蒸发器吸热汽化的制冷剂蒸气先通过回热器加热再流向制冷压缩机，从而达到使制冷剂过冷、过热的目的。图 2-33 所示为家用氟利昂制冷系统示意图。

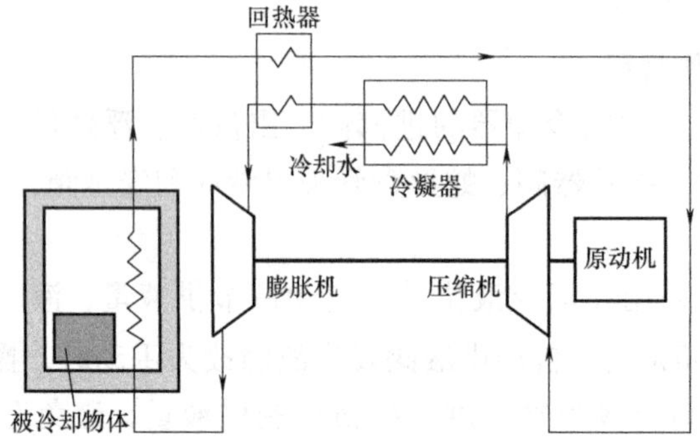

图 2-33　家用氟利昂制冷系统示意图

1. 回热器的工作原理

电冰箱制冷系统把毛细管和压缩机吸气管组合在一起，让它们充分地进行热交换。因为压缩机吸气管中的制冷剂是从蒸发器流过来的低温气体，所以毛细管中的制冷剂温度进一步下降，同时压缩机吸气管中的制冷剂温度进一步上升，这就是回热循环。回热循环除了能使毛细管中液化出更多的液体制冷剂外，还能把压缩机吸气管中来自蒸发器的残余液体制冷剂完全蒸发，以防液态制冷剂流回压缩机，发生液击现象。

电冰箱的制冷系统一般采用回热循环，利用蒸发器出口的低温制冷剂冷却冷凝器出来的制冷剂高压液体，使之过冷，提高电冰箱的性能。电冰箱的回热器往往采用毛细管与回气管靠在一起的方法构成一个简单的回热器，过去通常采用锡焊的方法将毛细管与回气管焊在一起，现在一般将毛细管与回气管平行紧贴，用塑料胶带和海绵包扎。

2. 回热器的作用

1）使节流前的高压液体过冷，以免其在节流前汽化，同时提高压缩机吸气温度，以减轻有害过热，改善压缩机的工作条件。

2）对 R12、R502 等电冰箱制冷剂可提高其制冷装置的制冷系数。

3）防止气体中夹带的液体汽化，既可回收冷量防止液击又可确保压缩机正常回油。

二、螺杆式制冷压缩机系统回热器

回热器很多时候用于二次进气螺杆式制冷压缩机系统中，其结构如图 2-34 所示。在蒸发温度比较低（－25℃以下）的工况下，普通单级螺杆压缩机的效率降低，制冷量减小，排气温度较高，采用回热器补气循环，能改善单级螺杆压缩制冷循环的效率，提高制冷量，降低压缩机排气温度。回热器的使用可使单级螺杆压缩机应用范围更广，更经济。

图 2-34　螺杆式制冷压缩机系统回热器

1. 回热器介绍

1）氨用回热器为满液式换热器，一部分氨液节流后在管外蒸发后进入压缩机补气口，另一部分氨液在管内被过冷。

2）氟用回热器为干式换热器，一部分氟利昂液体节流后在管内蒸发后进入压缩机补气口，另一部分氟利昂液体在管外被过冷。

2. 回热器原理

来自冷凝器的高压液态制冷剂在进入回热器后分为两部分：一部分通过节流膨胀的方式进一步降低另一部分的温度，其中一部分稳定下来的过冷液体通过供液阀直接进入蒸发器进行制冷；而另一部分未冷却的气态制冷剂通过回热器与压缩机连通，重新进入压缩机继续被压缩，进入循环。它巧妙地通过膨胀制冷的方式来稳定液态制冷介质，以提高系统容量和效率。

回热器相当于蒸发器，其基本原理是将一次节流中所产生的中间压力气体引至压缩机相应部分的压缩腔内，同时在回热器内对由冷凝器出来的制冷剂进行再冷却，从而达到增加制冷量、提高制冷系数的目的。

在采用回热器的螺杆式制冷压缩机的机体上有一个补气口接口，从冷凝器出来的液体制冷剂经过节流进入回热器，并在回热器中闪发成中间压力气体，然后通过补气口进入压缩机，同时使在回热器盘管里的液体制冷剂过冷。由于被过冷的液体制冷剂的单位制冷量比没有过冷的液体制冷剂大（因为补气口开设在螺杆齿槽吸气结束之后，所以并不影响螺杆的吸气量），因此在压缩机压缩相同质量流量的制冷剂时，其制冷量有了增加。但是由于所增加的制冷量大于轴功率的增加量，所以制冷系数得到提高。图 2-35 所示是回热器平面图。

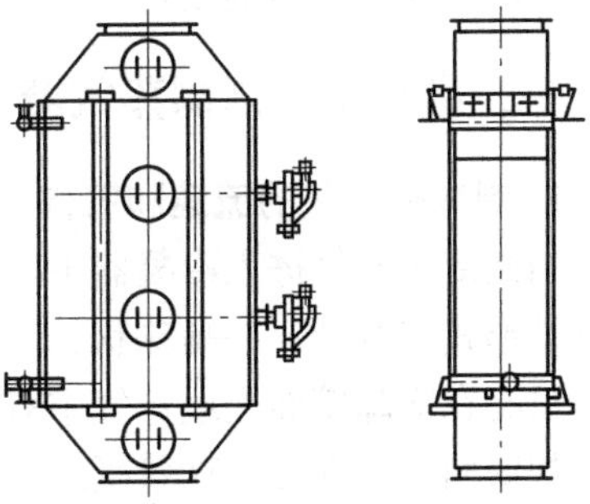

图 2-35　回热器平面图

在制冷系统中，带回热器的螺杆式制冷压缩机与不带回热器的螺杆式制冷压缩机运行在低温工况时相比，制冷系数较高。以氨为制冷剂在不同蒸发温度下制冷系数的比较：在冷凝温度为 35℃、蒸发温度为 0℃时，其制冷系数增加约 3%；蒸发温度为 −40℃时，其制冷系数增加 14%。显而易见，带回热器的螺杆式制冷压缩机制冷效果更佳。

课题五　换热设备的传热分析

【知识要点】

1）了解典型换热设备的传热形式和传热公式及其影响传热的指标。

2）熟悉影响制冷剂侧蒸气凝结放热的因素，懂得强化传热的改善方法。

【相关知识】

制冷系统中传热量最大的就是冷凝器，目前所用的冷凝器尽管结构形式多样，但大多数仍然属于间壁式热交换器。根据传热原理，冷凝器中的传热过程是制冷剂流体将热量通过间壁式热交换器传向冷却介质（水或空气），再通过冷却介质传向环境。在冷凝器中的放热液化过程中，过热蒸气放出热量后被冷却、冷凝成液体，其放热量应包括气体冷却热、凝结热，这就是冷凝器热负荷。其中，凝结热占总热负荷的80%以上。

热交换设备的基本传热公式为

$$Q = KA\Delta T$$

式中 Q——热交换设备的传热量（W）；

K——传热系数［$W/(m^2 \cdot K)$］；

A——热交换面积（m^2）；

ΔT——平均温差（K）。

对于已选定的冷凝器，其换热面积是一定的，因此在正常使用中要提高冷凝器单位面积的传热量，除了提高冷凝器内冷热流体间的传热温差外，主要是提高冷凝器的传热系数。

传热系数是反映传热过程强弱的重要指标，它由各项热阻所决定，在冷凝器中取决于冷热流体的物理性质、流动情况、传热表面特性及冷凝器机构特点等因素。分析这些影响因素，有利于在冷凝器的设计、安装、管理、操作维修中采取相应的措施来提高其传热性能。

一、影响制冷剂侧蒸气凝结放热的因素

1. 制冷剂蒸气的流速和流向

当制冷剂蒸气进入冷凝器中与低于饱和温度的壁面接触时便凝结成液体，附在壁面上。其凝结形式有两种：一是珠状，二是膜状。制冷剂蒸气在冷凝器中的凝结一般均属于膜状凝结。只有在冷却壁面上或蒸气中有油类物质时才会形成珠状凝结。有时两种凝结形式并存，即冷却壁面上一部分是珠状凝结，另一部分是膜状凝结，但均是短暂的。

当制冷剂蒸气与低于饱和温度的壁面接触时，便凝结成一层体薄膜，并在重力的作用下向下流动。制冷剂蒸气凝结时放出的热量必须通过液膜层才能传递到冷却壁面。液膜越厚，制冷剂蒸气凝结时遇到的热阻越大，放热系数也越小。因此应设法不使液膜增厚并能很快地脱开冷却壁面，这和制冷剂蒸气的流通与流向有关。当蒸气与凝结的液膜做同向运动时，气流能促使冷凝液膜减薄和较快地与冷却壁面脱开，使放热系数增大。当气流与液膜层流向相反时，放热系数的大小取决于制冷剂蒸气的流速。蒸气流速较小时阻止了液膜流动，使液膜层越积越厚，放热系数降低；当蒸气流速增大到一定值时，液膜层会随着气流运动与冷却壁面脱开，这种情况下放热系数就增大了。

考虑到制冷剂蒸气的流速和流向对传热的影响，立式壳管式冷凝器的蒸气进口总是设在冷凝器高度2/3处的管体侧面，以不使因冷凝液膜太厚而影响传热。

2. 传热壁面粗糙程度的影响

同为层流流动过程，同一种制冷剂若冷却壁面光滑、清洁，液膜流动阻力小，凝结的液体能较快流去，使液膜层减薄，放热系数相应增大。如果壁面粗糙，液膜的流动阻力增大，使液膜层增厚，放热系数也就降低，严重时放热系数会下降20%～30%。所以，冷凝管表

面应保持光滑和清洁，以保证有较大的凝结传热系数。

3. 制冷剂蒸气中含油时对凝结放热的影响

蒸气中含有油时对凝结放热系数的影响，与油在制冷剂中的溶解度有关。如氨和润滑油不易相溶，当制冷剂蒸气中混有润滑油时，油将沉积在冷却壁面上形成导热系数很低的油膜，造成附加热阻，使氨侧的放热系数降低。厚度为0.1mm的油膜，其热阻相当于厚度为33mm钢板的热阻。但对于氟利昂系统，由于氟和润滑油容易溶解，因此当含油量在一定范围内（小于6%～7%）时，可不考虑对传热的影响，超过此范围时，也会使传热系数减小。

因此，在冷凝器的设计和运行中，应设置高效的油分离器，以减少制冷剂蒸气中的含油量，从而降低其对凝结放热的不良影响。

4. 制冷剂蒸气中含有空气或其他不凝性气体的影响

从制冷压缩机排出的制冷剂蒸气在一定的冷凝压力和冷凝温度下会冷凝成液体，而其中有的气体不会凝结为液体，这部分气体主要是空气，习惯上称为“不凝性气体”。它的来源是系统不严密或调试过程中空气没有排除干净，在加制冷剂或润滑油时带入，以及制冷剂和润滑油在高温下分解的气体，因此制冷系统中存在空气或其他不凝性气体是难以避免的。这些气体随制冷剂蒸气进入冷凝器，附着在凝结液膜附近，使制冷剂蒸气的分压力减低，不及时排除会使制冷剂放热系数大大减小，影响制冷剂蒸气的凝结放热。

为了防止冷凝器中不凝性气体积聚过多，恶化传热过程，必须采取措施，既要防止空气渗入制冷系统内，又要及时地将系统中的不凝性气体通过专门设备排出。

5. 冷凝器结构形式的影响

无论何种结构的冷凝器，都应设法使冷凝液体迅速地从冷却壁面离开。如常用的壳管式冷凝器是用管子作为热交换壁面的冷凝器，管子有横放和直立两种。单根横管的外表面冷凝时放热系数要高于直立管，因为单根横管的凝结液膜比直立单管容易分离。一定长度的直立单管凝结液膜向下流动时，使下部的液膜层厚度增加，平均放热系数下降。但多根横管集成管簇时，上部横管壁面上凝结的液体流到下面的管壁面上会形成较厚的液膜层，平均放热系数也就减小，但不低于直立管簇的平均放热系数。所以现在卧式壳管式冷凝器设计向增大长径比的方向发展，在相同的传热面积下增加每根单管长度，减少垂直方向管子的排数，以提高整体的传热系数。

二、影响冷却介质侧放热的因素

冷凝器的冷却介质通常采用水或空气。由于水的热容量大于空气的热容量，因此用水做冷却介质的冷凝器的传热性能要优于用空气做冷却介质的冷凝器。另外，用水做冷却介质时，制冷系统的冷凝压力明显低于用空气做冷却介质的，这有利于制冷系统的安全工作。在冷凝器传热壁的冷却介质一侧，流动的冷却水或空气的流速对冷却介质一侧的放热系数有很大的影响。随着冷却介质流速的增加，放热系数也增大。但是流速太大，会使设备中的流动阻力损失增加，使水泵和风机的功率消耗增大。一般冷凝器内最佳水流速度为0.8～1.5m/s，空气流速为2～4m/s。对于不同结构形式的冷凝器，由于冷却介质流动途径不同（如管内、管外、自由空间流动等），流动方式不同（如自然对流、强迫流动等），在各种具体情况中传热系数的大小也是各不相同的。

用水冷却时，不管是使用地下水还是地表水，水中都含有某些矿物质和泥沙等杂质，因此使用一段时间后，在冷凝器的传热壁面上会逐步附着一层水垢，形成附加热阻，使传热系数显著下降。水垢层的厚度取决于冷却水质的好坏、冷凝使用时间的长短及设备的操作管理情况等因素。

用空气冷却时，传热表面会被灰尘覆盖，杂物以及传热表面的油漆、锈蚀等会对传热带来不利影响，因此在制冷设备运转期间，应经常清除冷凝器的各种污垢。

技能训练一　水冷式冷凝器的清洗训练

一、目的与要求

掌握水冷式冷凝器的清洗步骤与方法，并了解水冷式中央空调的正常标准。

二、材料工具、仪器与设备

需要清洗的水冷式冷凝器、压力表、TNB 安全高效除垢剂、带压力表的复合修理阀等。

三、实训步骤

1. 清洗步骤

1）分别关闭冷凝器进水、出水阀门。

2）将中央空调冷凝器系统内的水排出 1/6。

3）在中央空调冷凝器进、出水管上分别建立临时循环系统（可以拆下排污阀、压力表、安全阀等，用软管与罐外循环泵相连接）。

4）将 TNB 安全高效除垢剂溶解后，用泵从低处进水口将其注入，从出水口返出，如此循环、浸泡 3 ~ 5h，同时不断检验罐内水中药效，直至罐内无反应、水垢全部清洗干净为止。

5）由于 TNB 安全高效除垢剂只与水垢反应，而与金属等不发生反应，故对金属无腐蚀、无损伤，对人体无毒无害，废液符合环保排放要求。

6）排出污水，并用清水冲洗冷凝器。

7）恢复系统各处，试压一切正常即可。

2. 清洗质量检测

（1）人工检测方法　在清洗预膜结束后，打开系统任意部位（如短管，阀门等），人工检查是否清洗干净。由于采用循环清洗工艺，系统各段都是均匀清洗的，只要某一处清洗干净，其它各处则都清洗干净了。

（2）化学清洗标准　清洗质量应符合 HG/T 2387—2007《工业设备化学清洗质量标准》的规定。

四、注意事项

1）使用 TNB 安全高效除垢剂清洗冷凝器后必须排出污水，并且用清水冲洗冷凝器，否则会对整个循环水系统造成破坏和腐蚀。

2）清洗结束后必须恢复系统各处，并试压一切正常，绝对不能不试压就结束任务。

五、实习报告

班级		姓名		同组人	
实训项目					
实训过程：			示意图：		
评价	签 名 年 月 日				
完成时间		实习成绩			

技能训练二 风冷式冷凝器的清洗训练

一、目的与要求

掌握风冷式冷凝器的清洗步骤与方法，并了解风冷式中央空调的正常标准。

二、材料工具、仪器与设备

需要清洗的风冷式冷凝器、专业清洗机水枪、洗涤剂、专用长毛刷等。

三、实训步骤

1. 清洗步骤

1）切断电源。

2）在清洗之前，进行专业清洗机调试，以使后期清洗过程无误。

3）将专业清洗机水枪调到水柱状，对空调室外机的各部件冲洗一次后使用洗涤剂结合专用长毛刷刷洗。

4）使用涤尘清洗剂刷洗后需要等待 5 ~ 10min，然后用大量清水冲洗冷凝器。

2. 整理工作

检查机架螺钉，如有松动应拧紧加固；如发现机架锈蚀严重，应马上更换；对倒塌的散热翅片，用镊子钳（螺钉旋具）仔细修整。

四、注意事项

1）不要压坏散热翅片。

2）清洗结束后必须恢复系统各处，并试压一切正常，绝对不能不试压就结束任务。

3）如果脏物将换热器风路堵塞，会影响热交换，造成制冷制热效果下降，严重的还会烧坏压缩机，所以对它的清洗尤为重要。清洗时，用吸尘器或长毛软刷，按散热翅片顺向轻刷，除去附着的涤尘和脏物。如果空调处于手很难够到的位置，可以用加长水枪来冲洗。

4）涤尘有一定的腐蚀作用，刷洗后一定要用大量清水冲洗残留的涤尘。

五、实习报告

<table>
<tr><td>班级</td><td></td><td>姓名</td><td></td><td>同组人</td><td></td></tr>
<tr><td>实训项目</td><td colspan="5"></td></tr>
<tr><td colspan="3">实训过程：</td><td colspan="3">示意图：</td></tr>
<tr><td>评价</td><td colspan="5">签　名
年　月　日</td></tr>
<tr><td>完成时间</td><td colspan="2"></td><td>实习成绩</td><td colspan="2"></td></tr>
</table>

技能训练三　蒸发器的清洗训练

一、目的与要求

掌握蒸发器的清洗步骤与方法。

二、材料工具、仪器与设备

需要清洗的蒸发器、专用硬毛刷、漂白剂、电工胶布等。

三、实训步骤

1）拆除静压箱前部用箔纸包裹的绝缘层。它可能是用胶带固定的，拆除胶带时要仔细。绝缘层后面是检修面板，是由螺钉固定的，需先拧掉螺钉，然后取下检修面板。

2）用硬毛刷刷洗蒸发器的整个内侧时，可借助一大块手持式镜子观看自己的工作效果。如果用各种方式都不能将所有表面全接触到，则可以将蒸发器稍微向外移动一点。即使蒸发器与刚性管连在一起，仍然可以将它稍稍向外拉出，但需小心不要将管道弄弯。

3）清洁蒸发器单元下方的托盘，该托盘的作用是运走蒸发器的冷凝物。将少许家用漂白剂倒入托盘的残液放出孔中，以防真菌生长。

4）将蒸发器单元放回原位，重新安装检修面板，然后用胶带将绝缘层固定到检修面板上。

5）重新打开空调器，检查有无漏气。如有漏气，可用管道胶带封住所有泄漏处。

四、注意事项

1）不要压坏散热翅片，对倒塌的散热翅片，用镊子钳（螺钉旋具）仔细修整。

2）清洗结束后必须恢复系统各处，并试压一切正常，绝对不能不试压就结束任务。

五、实习报告

<table>
<tr><td>班级</td><td></td><td>姓名</td><td></td><td>同组人</td><td></td></tr>
<tr><td>实训项目</td><td colspan="5"></td></tr>
<tr><td colspan="3">实训过程：</td><td colspan="3">示意图：</td></tr>
<tr><td>评价</td><td colspan="5">签 名
年 月 日</td></tr>
<tr><td>完成时间</td><td colspan="2"></td><td>实习成绩</td><td colspan="2"></td></tr>
</table>

【知识拓展】

换热器结垢与清洗

【知识要点】

1）了解换热器结垢的相关知识和清洗方法。

2）掌握清洗换热器的步骤。

【相关知识】

一、概述

换热器长期运行后，因冷却或加热侧纯净程度的不同以及工艺介质本身性质的差异，必然会导致换热器结垢，同时因换热器本身的结构特点及规格型号的不同，导致结垢程度也不一样，结垢后使内部通道截面变小甚至堵塞，造成换热器换热效率降低，从而影响生产的正常进行和设备的安全。因此，应定期清洗换热器，除掉污垢，以保证换热器的高效换热和生产的正常进行。在结垢严重、成分复杂的情况下，一般普通的物理方法不易清洗，且拆洗过程费时费力，本小节针对换热器着重研究了化学清洗的工艺。此工艺简单，费用相对物理清洗可能较高，但省时省力，处理效果相对较好，故应用很广。

二、换热器结垢分析

1. 结垢原因

结垢原因主要有 3 种。

1）常用换热器大多是以水为载热体的换热系统，某些盐类在温度升高及浓度较高时会从水中析出，附着于换热管表面，形成水垢，随着使用时间及频率的增加，积垢层逐渐变厚、变硬，紧紧地附着于换热管表面上。

2）如同水垢一样，换热器的另一侧流体由于物质本身的性质可能出现非水垢类固体析出物，长期不处理会越来越多地积累在换热管表面。

3）当流体所含的机械杂质或有机物较多而流体的流速又较小时，部分机械杂质或有机物也会在换热器内沉积，形成疏松、多孔或胶状污垢。

2. 结垢的种类

对于常用的换热器而言，根据结垢机理，一般将结垢分为以下几类。

1）盐类析晶结垢。如水冷却系统，水中过饱和的钙、镁盐类因温度、pH 值等变化而从水中结晶沉积在换热器表面，从而形成水垢。

2）粒结垢。流体中悬浮的同体颗粒在换热器表面上积聚。

3）化学反应结垢。由于化学反应而造成的同体沉积。

4）腐蚀结垢。换热介质腐蚀换热面，产生腐蚀产物沉积于受热面上而形成污垢。

5）生物结垢。对于常用的冷却水系统来讲，工业水中往往含有微生物及其所需的营养，这些微生物群体繁殖，其群体及其排泄物同泥浆等在换热器表面形成生物垢。

6）凝同结垢。在过冷的换热面上，纯液体或多组分溶液的高溶解组分凝同沉积。

以上的分类只是表明某个过程对形成该类污垢是一个主要过程。结垢往往是多种过程共同作用的结果，因此换热面上的实际污垢，常常是多种污垢混合在一起的。

3. 影响结垢的因素

影响结垢的因素有很多，如流体速度、流体流动状态、流体组分和含量以及换热器的结构等都对污垢的形成有一定的影响。从应用角度考虑，只有找出主要因素才能使结垢问题得到有效解决。对于某一流体而言，影响换热器结垢的主要因素有以下几个方面。

1）流体的流动速度。在换热器中，流速对污垢的影响应该同时考虑其对污垢沉积和污垢剥蚀的影响。对于各类污垢，由于流速增大引起剥蚀率的增大较污垢沉积的速率更为显著，所以污垢增长率随着流速的增大而减小。但是在换热器的实际运行中，流速的增加将增大能耗，所以流速也不是越高越好，应就能耗和污垢两个方面来综合考虑。

2）传热壁面的温度。温度对于化学反应结垢和盐类析晶结垢有着重要的作用。流体温度的增加一般会导致化学反应速度和结晶速度的增大，从而对污垢的沉积量产生影响，导致污垢增长率升高。

3）换热面材料和表面质量。对于常用的碳钢、不锈钢而言，腐蚀产物的沉积会影响结垢；而如果采用耐蚀性良好的石墨或陶瓷等非金属材料，则不易结垢。换热面材料的表面质量会影响污垢的形成和沉积，表面粗糙度值越大，越有利于污垢的形成和沉积。

三、清洗方法

因为换热器大多是以水或蒸汽为载热体的换热系统，故在清洗时划分为水（蒸汽）侧及介质侧，最为常见的换热器是立管式换热器，主要清洗其管程或壳程。

主要清洗方法为物理清洗和化学清洗。利用力学、声学、光学、电学、热学的原理，依靠外来能量的作用，如机械摩擦、超声波、负压、高压冲击、紫外线、蒸汽等去除物体表面污垢的方法叫作物理清洗；依靠化学反应的作用，利用化学药品或其他溶剂清除物体表面污垢的方法叫作化学清洗，如用各种无机或有机酸去除物体表面的锈迹、水垢，用氧化剂去除物体表面的色斑，用杀菌剂、消毒剂杀灭微生物并去除霉斑等。物理清洗和化学清洗都有各自的优缺点，又具有很好的互补性。在实际应用过程中，通常都是把两者结合起来使用，以获得更好的清洗效果。

四、清洗剂的选择

选用工业清洗剂的原则如下：

1）有良好的去污能力；

2）对清洗对象无不良影响；

3）质量稳定；

4）价格低廉。

国内外工业清洗剂品种繁多，但没有万能型的清洗剂，一般均为专用型。针对清洗对象的材质、清洗要求的不同、污垢的不同等，最好做工艺试验后再选用。

五、清洗过程

下面以中央空调冷凝器为例说明冷凝器的清洗过程。

在使用中央空调的过程中，人们往往会忽视对中央空调进行维护的问题。其实在中央空调的使用中，空调冷凝器极易结垢。通常在夏季供冷期应该做日常水处理，否则在高硬度水质的环境下运行，循环水系统内溶于水中的无机盐就会随着温度的升高结晶析出，在冷凝器换热面管壁上形成水垢，导致热交换效率降低，甚至在冷凝器里形成污垢，严重时会造成管路堵塞。污垢、黏泥会影响热交换效率，多耗电能，造成高压运行，严重时会造成超压停机。所有这些，严重地影响了冷凝器的正常运行。

冷凝器的清洗分为物理清洗和化学清洗两种。物理清洗一般用高压水射流将冷凝器铜管里的泥垢清理出来。如果结垢为硬质水垢，物理方式无法将水垢除去，应进行化学清洗。为了使冷凝器在最优的状态下运行，必须对冷凝器进行专门的化学药物处理，清除水垢、锈蚀、黏泥和进行杀菌、防腐蚀处理，还原其清洁的金属表面。图 2-36 所示是某工地工人清洗施工示意图。

具体的清洗步骤如下：

1）将冷却水进、出冷凝器的阀门关紧，利用温度计管、压力表管或排污管连接防腐泵、配液箱等，做成小循环系统，进行循环清洗。

2）先加入酸洗缓蚀剂。此药剂为专用铜缓蚀剂，附着在冷凝器金属内壁上，防止酸和金属发生反应。

3）加入固体酸洗清洗剂，用于清洗以碳酸钙为主要成分的水垢。清洗剂是复合固体有机酸，为白色晶体，对金属无腐蚀性，为弱酸。清洗剂用量按设备结垢量而定。

图 2-36　某工地工人清洗施工示意图

4）加入泥垢剥离剂（可选）。当冷凝器设备结垢较厚时，需要添加泥垢剥离剂，促进水垢反应后的生成物快速溶于水，加快深层水垢反应。

5）在冷凝器进行化学清洗后，加入中和钝化剂，以中和残酸，防止金属表面氧化而生成二次浮锈。

在清洗的过程中不光要注意上面的一些清洗步骤，也要注意以下细节。

1）清洗温度。一般采用常温。如果结垢较厚，可以在 40～50℃的温度下清洗，以提高清洗速度。

2）将进、出机组的阀门关上，利用压力表或温度计管、防腐泵、酸液箱等连成清洗循环系统。清洗时先加入缓蚀剂，缓蚀剂循环均匀后缓慢加入有机酸。清洗中应定时检测反应情况：清洗剂不足时需补充，以保证有足够的酸液和水垢反应；按水垢反应情况，可加入适量泥垢剥离剂和消泡剂等。

3）清洗结束后，要将余液排出，并用清水再冲洗一次。

4）冷凝器清洗后还需要加入中和钝化剂中和残酸，以防止金属内壁氧化。

5）冷凝器清洗时间为 5～10h，按实际情况而定。

单元小结

1）换热器是制冷空调、暖通、化工、石油、动力、食品等行业中应用相当广泛的单元设备之一，其发展和应用已经有近百年的历史。

2）换热器的种类很多，但根据冷、热流体热量交换的原理和方式可分为三大类：间壁式、混合式和蓄热式。

3）在制冷空调、暖通等领域主要涉及间壁式换热器和混合式换热器，其中以间壁式换热器应用最多。

4）了解冷凝器和蒸发器的工作原理是熟悉制冷设备的重要途径。

习题

2-1　冷凝器的作用是什么？常用的冷凝器有哪些种类？

2-2　最为常见的蒸发器分为哪几种？它们的工作原理有什么不同？

2-3　中间冷却器的工作原理是什么？适用于什么制冷装置？

2-4　回热器的原理和作用是什么？

2-5　清洗家用中央空调时应该注意些什么？

2-6　清洗家用中央空调的步骤是什么？

2-7　用涤尘清洗翅片时需要注意些什么？

单元三 节流机构、阀件与液位指示器

内容构架

- 节流机构、阀件与液位指示器
  - 节流机构
    - 热力膨胀阀
    - 电子脉冲式膨胀阀
    - 毛细管
    - H型膨胀阀
  - 制冷系统阀件
    - 截止阀
    - 低压浮球调节阀
    - 压力表阀
    - 止回阀
  - 液位指示器
    - 玻璃管液位指示器和板式液位指示器
    - 油包式液位指示器
    - 压差式低温液位指示器

学习引导

目的与要求

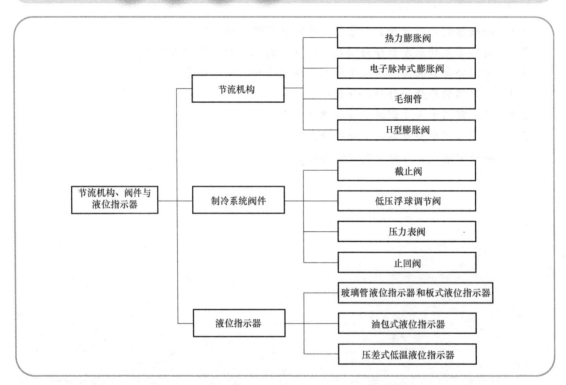

1）掌握热力膨胀阀、电子脉冲式膨胀阀、毛细管和H型膨胀阀的结构与工作原理。

2）熟悉截止阀、低压浮球调节阀、压力表阀和止回阀等阀件的结构特点与工作原理，以及水系统中平衡阀的结构特点与工作原理。

3）了解液位指示器的结构和作用。

重点与难点

重点：热力膨胀阀的结构与工作原理；电子脉冲式膨胀阀、平衡阀、氨用截止阀的结构。

难点：毛细管长度的测定。

课题一　节流机构

【知识要点】

1）掌握热力膨胀阀的分类、结构特点与工作原理。

2）了解电子脉冲式膨胀阀的结构与工作原理。

3）熟悉 H 型膨胀阀的分类、结构特点、工作原理与应用范围。

4）熟悉毛细管的结构特点、工作原理与应用范围。

【相关知识】

节流机构是制冷装置中的重要部件之一，在实现制冷剂降压膨胀过程的同时，还具有以下两方面的作用：一是将制冷机的高压部分和低压部分分隔开，防止高压蒸气串流到蒸发器中；二是对蒸发器的供液量进行控制，使其保持适量的液体，使换热面积全面发挥作用。因节流机构无外功输出，即与效率无关，因此仅根据以上两方面的作用来判断其性能。

常用的节流机构有热力膨胀阀、电子脉冲式膨胀阀、毛细管和 H 型膨胀阀等。

一、热力膨胀阀

热力膨胀阀是温度调节式节流阀，又称热力调节阀，是应用最广泛的一类节流机构。它利用感温包来感受蒸发器出口的过热度大小，从而通过自动调节阀芯的开启度来控制制冷剂流量，因此适用于没有自由液面的蒸发器，如干式蒸发器、蛇管式蒸发器和蛇管式中间冷却器等。热力膨胀阀主要用于氟利昂制冷装置中，氨制冷机也可使用，但不能采用非铁金属材料（如铜）。

热力膨胀阀根据结构的不同可分为内平衡式和外平衡式两种。

1. 内平衡式热力膨胀阀

内平衡式热力膨胀阀适用于小型蒸发器，其外观如图3-1所示。内平衡式热力膨胀阀由感温包、毛细管、阀座、膜片、顶杆、阀针和调节机构等构成，如图 3-2 所示。图 3-3 所示为内平衡式热力膨胀阀在蛇管式蒸发器上的安装图，热力膨胀阀 4 接在蛇管式蒸发器 3 的进液管上，感温包 2 设在蒸发器出口的管外壁上。感温包中充注有制冷剂的液体或其他感温剂，通常情况下，感温包中充注的工质与系统中的制冷剂相同。

图 3-1　内平衡式热力膨胀阀的外观

热力膨胀阀的工作原理是建立在力平衡的基础上的。工作时，弹性金属膜片上侧受感温包内工质的饱和压力 p_b 作用，下侧受制冷剂蒸发压力 p_0 与弹簧力 p_T 的作用，当三者处于平

衡时，有

$$p_b = p_0 + p_T \tag{3-1}$$

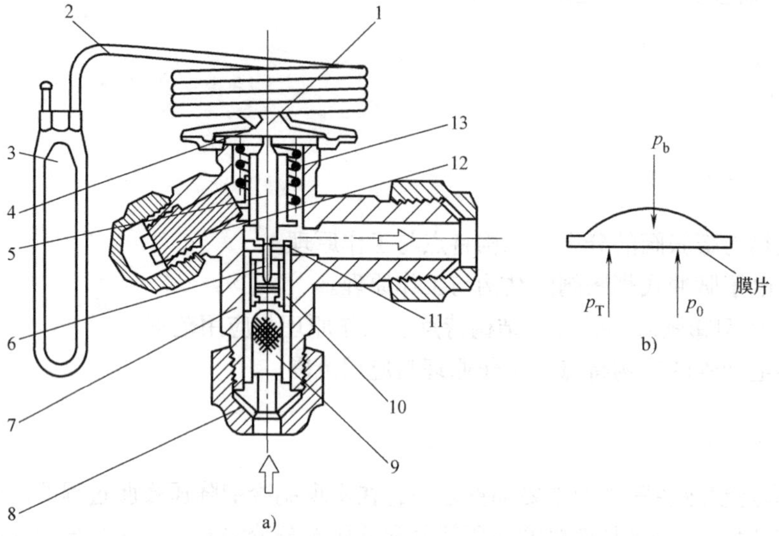

图 3-2　内平衡式热力膨胀阀的结构

1—压力腔　2—毛细管　3—感温包　4—膜片　5—顶杆　6—阀芯　7—阀体　8—喇叭口螺母　9—进液过滤网　10—阀座　11—阀孔　12—调节螺杆　13—弹簧

当蒸发器的供液量小于蒸发器热负荷的需要时，蒸发器出口处蒸气的过热度增大，感温包感受到的温度提高，使对应的 p_b 随之增大。此时，$p_b > p_0 + p_T$，即膜片上方的压力大于膜片下方的压力，这样膜片就向下鼓出，通过顶杆压缩弹簧，把阀针顶开，使阀孔通道面积增大，故蒸发器的供液量增大，制冷量也随之增大。反之，当供液量大于蒸发器热负荷的需要时，蒸发器出口处蒸气的过热度减小，感温系统中的压力降低，$p_b < p_0 + p_T$，膜片上方的压力小于膜片下方的压力，使膜片向上鼓出，弹簧伸长，顶杆上移，使阀孔通道面积减小，蒸发器的供液量也就随之减少。由此可见，膜片上下侧的压力平衡是以蒸发器内压力 p_0 作为稳定条件的，因此此热力膨胀阀称为内平衡式热力膨胀阀。由于阀孔的开启度与 p_b 成正比，所以它是一种比例调节器。

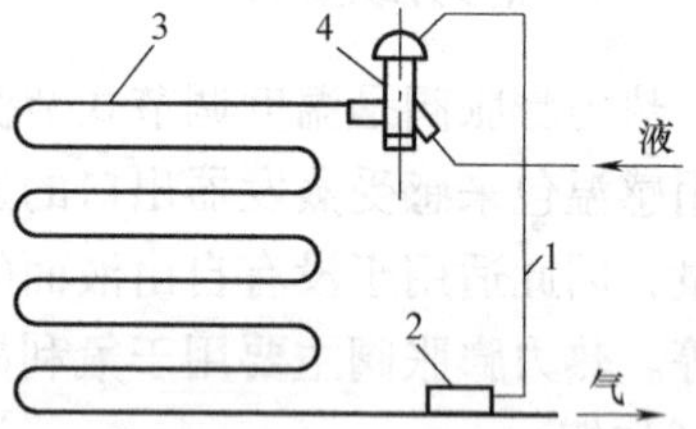

图 3-3　内平衡式热力膨胀阀在蛇管式蒸发器上的安装图

1—毛细管　2—感温包
3—蛇管式蒸发器　4—热力膨胀阀

由上述可知，当蒸发器出口蒸气的过热度减小时，阀孔的开度也减小。而当此过热度减小到某一数值时，阀门便关闭，这时的过热度称为关闭过热度，它在数值上等于阀门刚刚开启时的过热度，所以也称为开启过热度或静装配过热度。

2. 外平衡式热力膨胀阀

在许多制冷装置中，蒸发器的管组长度较大，从进口到出口存在着较大的压降 Δp_0，造成蒸发器进出口处的温度各不相同。若采用内平衡式热力膨胀阀，则会因蒸发器出口温度过低而造成 $p_b < p_0 + p_T$，使热力膨胀阀过度关闭，以至丧失对蒸发器实施供液量调节的能力。下面通过一个实例来说明。

【例 3-1】 若采用 R12 制冷剂，假定系统蒸发温度为 $t_0 = -15℃$，蒸发压力为 $p_0 = 0.186\text{MPa}$，内平衡式热力膨胀阀的弹簧顶紧折合压力为 $p_T = 0.022\text{MPa}$。若不考虑蒸发器内的流动阻力损失，过热度仍为 5℃，制冷剂流到蒸发器出口时的温度为 -10℃，此时制冷剂的压力仍为 0.186MPa。但对感温包内工质（假定感温包内充注物也为 R12），-10℃的饱和压力 $p_b = 0.223\text{MPa}$，则内平衡式热力膨胀阀的开启压差为

$$\Delta p = p_b - (p_0 + p_T) = [0.223 - (0.186 + 0.022)]\text{MPa} = 0.015\text{MPa}$$

由于膜片上下有 0.015MPa 的压差，阀芯可以开启。假定制冷剂在蒸发器内有流动损失 0.02MPa，制冷剂在蒸发器出口的压力为 0.166MPa（与此压力相应的制冷剂饱和温度为 -18℃），过热度仍为 5℃，则制冷剂的过热温度应是 -13℃，此时感温包中工质相应的饱和压力是 $p_b = 0.2\text{MPa}$，其开启压差为

$$\Delta p = p_b - (p_0 + p_T) = [0.2 - (0.186 + 0.022)]\text{MPa} = -0.008\text{MPa}$$

计算结果表明，在 5℃的过热度下，阀芯是无法开启的。要使阀芯开启，就需要增加过热度来提高感温包内充注物的 p_b。但是，过热度太大，会使蒸发器供液不足和降温困难。

这一缺点可由外平衡式热力膨胀阀（图 3-4）来克服。

图 3-4 外平衡式热力膨胀阀

外平衡式热力膨胀阀的结构（图 3-5）与内平衡式热力膨胀阀基本相似，但是其膜片下方不与供入的液体接触，而是在阀的进、出口处用一隔板隔开，在膜片与隔板之间引出一根平衡管连接到蒸发器的回气管上。另外，其调节杆的形式等也有所不同。外平衡式热力膨胀阀的安装如图 3-6 所示。

外平衡式热力膨胀阀的工作原理是将内平衡式热力膨胀阀膜片驱动力系中的蒸发压力 p_0 改为由外平衡接头引入的蒸发器出口压力 p_w 取代，以此来消除蒸发器管组内的压降 Δp_0（表 3-1）所造成的膜片力系失衡带来的不利影响。由于 $p_w = p_0 - \Delta p_0$，尽管蒸发器出口过热度偏低，但膜片力系变为

$$p_b = p_T + (p_0 - \Delta p_0)\text{，即 } p_b = p_T + p_w \tag{3-2}$$

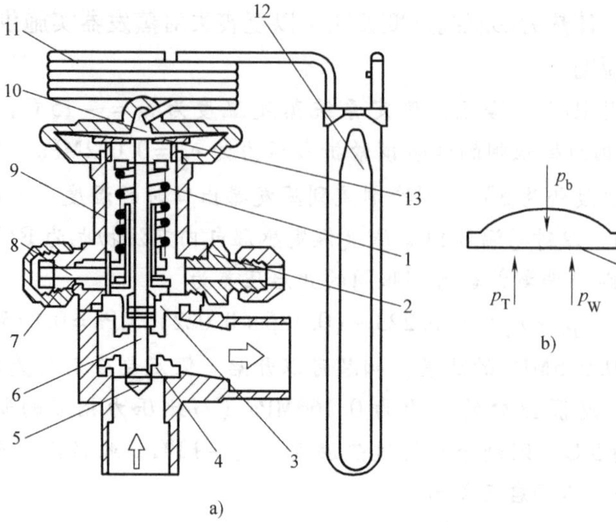

图 3-5　外平衡式热力膨胀阀的结构

1—弹簧　2—外平衡管接头　3—密封组合体　4—阀孔　5—阀芯　6—顶杆　7—螺母　8—调整杆　9—阀体　10—压力腔　11—毛细管　12—感温包　13—膜片

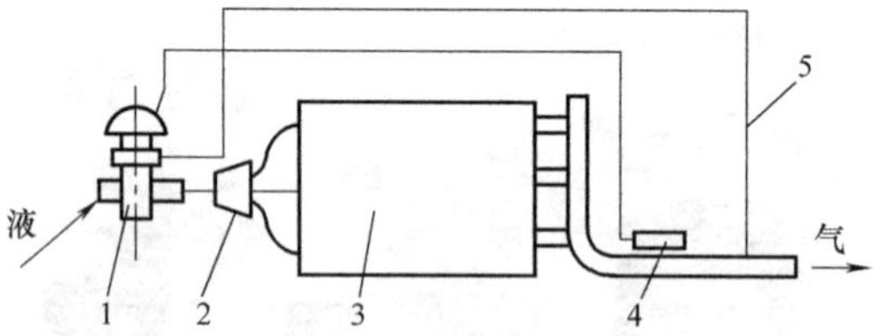

图 3-6　外平衡式热力膨胀阀的安装

1—热力膨胀阀　2—分液器　3—蒸发器　4—感温包　5—平衡管

仍然能保证在允许的装配过热度范围内达到平衡。在这个范围内，当 $p_b > p_T + p_w$ 时，表示蒸发器热负荷偏大，出口过热度偏高，膨胀阀流通面积增大，使制冷剂供液量按比例增大，反之按比例减小。同样以一个例子来说明。

表 3-1　使用外平衡式热力膨胀阀的 Δp_0 值

蒸发温度 t_0/℃	+10	0	−10	−20	−30	−40	−50
$\Delta p_0/10^5$Pa	0.42	0.33	0.26	0.19	0.14	0.10	0.07

【例 3-2】 若使用外平衡式热力膨胀阀，膜片下面的作用力有弹簧力 p_T 和蒸发器出口压力 p_w，其中 $p_w = 0.166$MPa，膨胀阀开启压力为 $\Delta p = p_b - (p_w + p_T) = [0.2 - (0.166 + 0.022)]$MPa $= 0.012$MPa。膜片上、下仍有 0.012MPa 的压差，因此在同样的压差下，阀芯可以开启。

外平衡式热力膨胀阀的调节特性，基本上不受蒸发器中压力损失的影响，但是由于其结构比较复杂，因此一般只有当与膨胀阀出口至蒸发器出口的制冷剂压降相应的蒸发温度降超过2~3℃时，才应用外平衡式热力膨胀阀。目前国内一般中小型的氟利昂制冷系统，除了使用液体分离器的蒸发器外，蒸发器的压力损失都比较小，所以采用内平衡式热力膨胀阀较多。使用液体分离器的蒸发器压力损失较大，故宜采用外平衡式热力膨胀阀。

二、电子脉冲式膨胀阀

电子脉冲式膨胀阀（图3-7）由步进电动机、阀芯、阀体、进出液管等主要部件组成，如图3-8所示。它由一个屏蔽套将步进电动机的转子和定子隔开，屏蔽套下部与阀体做周向焊接，形成一个密封的阀内空间。电动机转子通过一个螺纹套与阀芯连接，转子转动时可使阀芯下端的锥体部分在阀体中上下移动，以此改变阀孔的流通面积，起到调节制冷剂流量的作用。在屏蔽套上部设有升程限制机构，将阀芯的上下移动限制在一个规定的范围内。若有超出此范围的现象发生，步进电动机将堵转。通过升程限位机构可以使计算机调节装置方便地找到阀的开启基准，并在运转中获得阀芯的位置信息，读出或记忆阀的开闭情况。

图3-7　电子脉冲式膨胀阀

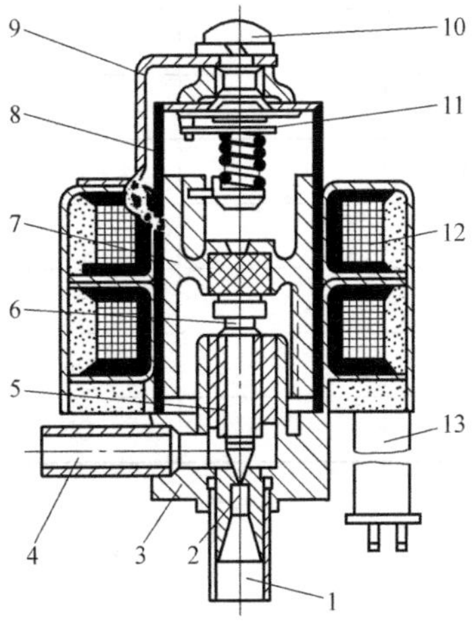

图3-8　电子脉冲式膨胀阀结构

1—进液管　2—阀孔　3—阀体　4—出液管　5—螺纹套　6—转轴（阀芯）　7—转子　8—屏蔽套　9—尾板　10—定位螺钉　11—限位器　12—定子线圈　13—导线

电子脉冲式膨胀阀的步进电动机具有启动频率底、功率小、阀芯定位可靠等优点，属于爪极型永磁式步进电动机。它的定子由四个铁心和两副线轴组成，每个铁心内周边常有12个齿（称为爪极）。电子脉冲式膨胀阀的驱动电路如图3-9所示，图中的开关1和开关2按表3-2中的1-2-3-4-5-6-7-8顺序通电，膨胀阀开启；反之，膨胀阀关闭。

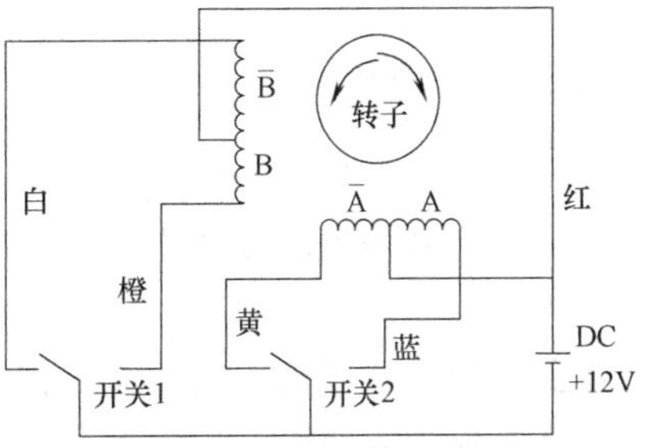

图3-9　电子脉冲式膨胀阀的驱动电路

按表3-2，每一通电状态转动一步的步距角为$\theta=3.75°$。一般膨胀阀从全闭到全开设计为步进电动机转子转动7圈，其所需要的通电数为7×360°/3.75°=356个。若频率为30Hz时，所需要的阀门从全闭到全开的时间为356s/30=11.9s。由此可以推测，频率越高，阀门从全闭到全开所需的时间越短，调节的精确度也越高。阀的流量与脉冲数成线性关系，图3-10所示是通径为ϕ2.85mm的电子脉冲式膨胀阀的脉冲数-流量关系曲线。在制冷装置运行的过程中，由传感器取到实时信号，输入微型计算机进行处理后，转换成相应的脉冲信号，驱动步进电动机获得一定的步距角，形成对应的阀芯上升或下降的移动距离，得到合适的制冷剂在阀孔的流通面积和与热负荷变化相匹配的供液量，实现了装置的高精度能量调节。由于变流量调节时间以s计算，可以有效地杜绝超调现象的发生。对于一些需要精细流量调节的制冷装置，采用此种膨胀阀，可得到满意、可靠且高效的节能效果。

表3-2 电子脉冲式膨胀阀的开启顺序

顺序引线	红	蓝(A)	黄($\overline{A}$)	橙(B)	白($\overline{B}$)	阀动作
1	DC 12V	ON				
2		ON		ON		
3				ON		
4			ON	ON		开关
5			ON			阀阀
6			ON		ON	↓↑
7					ON	
8		ON			ON	
1		ON				

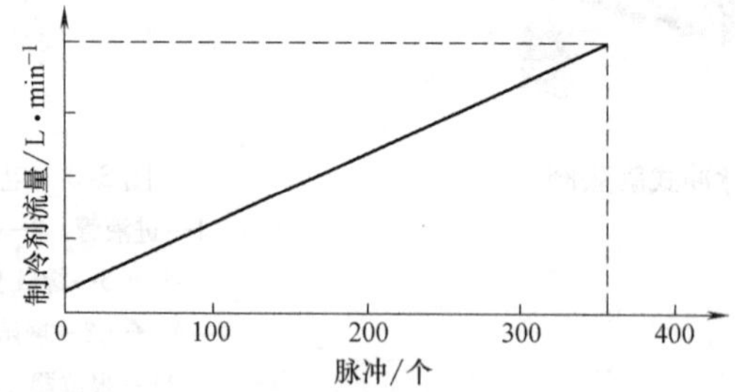

图3-10 ϕ2.85mm通径的电子膨胀阀的脉冲数-流量关系曲线

三、毛细管

在小型的氟利昂制冷装置中，如电冰箱、家用空调器（分体和窗式）、小型降湿机等，由于冷凝温度和蒸发温度变化不大，制冷量小，为了简化结构，一般都用毛细管作为制冷系统中的节流降压机构。

毛细管是一种最简单的节流机构。所谓毛细管，实际上就是一根直径很小的纯铜管。流体流经管道时要克服管道的阻力，就有一定的压力降，而且管径越小、管道越长，压力降也就越大。所以毛细管在制冷系统中可对制冷剂起到节流膨胀的作用，而且当毛细管的内径和长度一定，以及两端保持一定压力差时，通过毛细管的制冷剂液体流量也是一定的。基于这样的原理，可选择适当直径和长度的毛细管来代替节流阀，达到节流降压和控制制冷剂流量的目的。

目前使用的毛细管多为内径为0.35～2.5mm之间的纯铜管，一般长度为0.5～5.0m。毛细管可以是一根或者是几根并联。使用几根毛细管时，需要用液体分离器，而且要经过仔细的调整，使几根毛细管的工作状况大致一样（可由结霜情况来判断）。另外，在毛细管前需要设过滤器，以防毛细管被杂物堵塞。

毛细管作为节流机构的优点是：结构简单，制造方便，价格便宜，不易发生故障；压缩机停止运行后，冷凝器和蒸发器的压力可以自动达到平衡，减轻了再次起动时电动机的负荷。但是，因为毛细管的孔径和长度是根据一定的工况确定的，因此在两端的压力差保持不变的情况下，不能调节制冷剂流量。当蒸发器的负荷变化时，它也不能很好地适应。所以只有在设计工况下运行时，蒸发器的传热效果才能得到充分发挥。如果蒸发压力下降，容易发生制冷剂液体进入压缩机的现象；如果蒸发压力上升，则会使蒸发器供液不足，影响系统制冷能力的充分发挥。此外，由于毛细管中的流量与进出口压力关系很大，因此在无贮液器

时，要求充注制冷剂的量非常准确。如果所充注的制冷剂量过多或过少，都不能使制冷装置正常工作。所以毛细管仅适用于工况较稳定、负荷变化不大和采用封闭式压缩机的制冷装置中。

四、H型膨胀阀

H型膨胀阀因其内部通路像字母“H”而得名。它有四个接口，分别与贮液干燥器出口、蒸发器入口、蒸发器出口和压缩机入口相连接。在贮液干燥器出口、蒸发器入口之间有一个球阀控制节流孔，球阀的上面与控制杆、感温器相连，球阀的下面与弹簧相抵，感温器内装有密封的制冷剂，整个膨胀阀被固定在蒸发器上。

工作原理：球阀控制节流孔的开度，也就是制冷剂的流量，而球阀受弹簧和感温包控制。当蒸发器的温度升高时，感温包内的制冷剂压力升高，控制顶杆推动球阀向下克服弹簧弹力，将节流孔开大，制冷剂流量增大，使蒸发器温度下降；反之亦然。

H型膨胀阀的结构有多种：有的将感温包缩到阀体内的回气通路上（图3-11），从而提高膨胀阀的工作灵敏度，但这种膨胀阀加工难度较大；有的彻底取消了感温包，其结构如图3-11所示。有些H型膨胀阀还带有低压保护开关和温度控制器，称为组合式H型膨胀阀，其结构如图3-12所示，其中，温度控制器的温度传感器不是夹在蒸发器管片上，而是插入蒸发器出气管中的一个凹坑里，这个凹坑

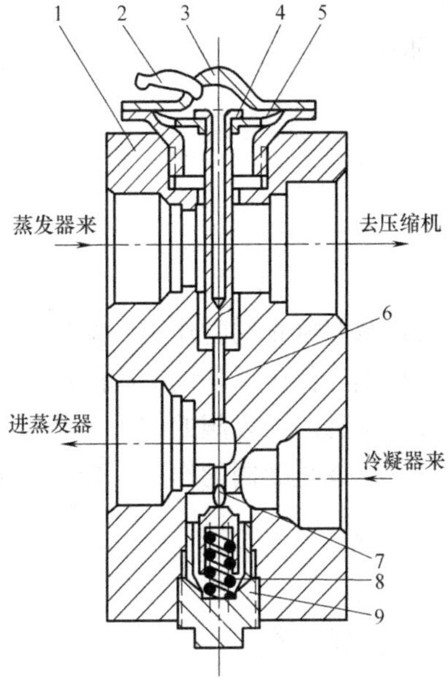

图3-11　H型膨胀阀的结构
1—阀体　2—灌气管　3—动力头
4—顶杆（兼感温包）　5—膜片
6—传动杆　7—球阀　8—弹簧　9—弹簧座

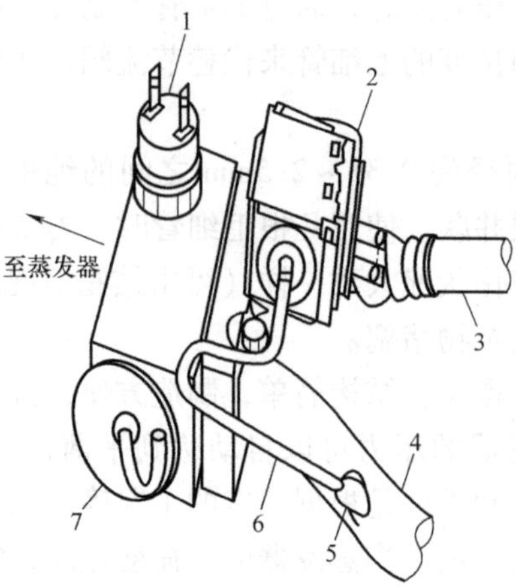

图 3-12 组合式 H 型膨胀阀的结构

1—低压开关 2—温度控制器 3—出液管 4—进液管 5—感温插孔 6—感温管 7—H 型膨胀阀

中放有润滑脂以增强感温管的感温能力。有些汽车空调系统中，在温度控制器上还加有控制按钮，可让驾驶人根据需要增加或减少制冷量。

H 型膨胀阀安装简单，不需要绝热处理的毛细管感温包系统，因此结构紧凑；H 型膨胀阀直接安装在蒸发器上，接头少，因此泄漏制冷剂的机会减少，不怕汽车运行过程中的振动，可靠性高；此外，其维修调试也十分方便。由于存在以上优点，所以目前该类型膨胀阀已在汽车空调中广泛使用，如我国引进技术生产的切诺基、捷达及富康等车上都采用了 H 型膨胀阀。

课题二 制冷系统阀件

【知识要点】

1）掌握截止阀的作用、结构特点与工作原理。

2）熟悉低压浮球调节阀的位置、结构特点与工作原理。

3）熟悉压力表阀的作用、结构特点与工作原理。

4）掌握止回阀的作用、分类、结构特点与工作原理。

【相关知识】

一、截止阀

截止阀在制冷系统管路中起开断作用，其开启大小可控制制冷剂流量的多少、流动的方向及设备之间的接通。它是制冷系统中设置最多的阀门，各种类型冷库需用量少则几十，多则上千，一般也要有几百只。

截止阀具有密封性好、密封圈规格化、检修方便、阀瓣开启高度小、开关方便等优点，但存在介质流动阻力较大和阀体较长，有时会增加阀门安装困难或安装的位置不便于操作等缺点。

截止阀种类繁多，有丝口截止阀（图 3-13）、角式截止阀（图 3-14）等，其结构特点和工作原理各不相同。

图 3-13　丝口截止阀（螺纹连接）

图 3-14　角式截止阀

1. 氨用直通式截止阀

（1）阀体　氨用直通式截止阀阀体型式有直通式和直角式，分别如图 3-15、图 3-16 所示。直通式阀体的进出口通道在同一轴线上，制冷剂流过阀体时流动方向不变。直角式阀体进出口通道的轴线为直角，制冷剂流过阀体时流动方向改变 90°。

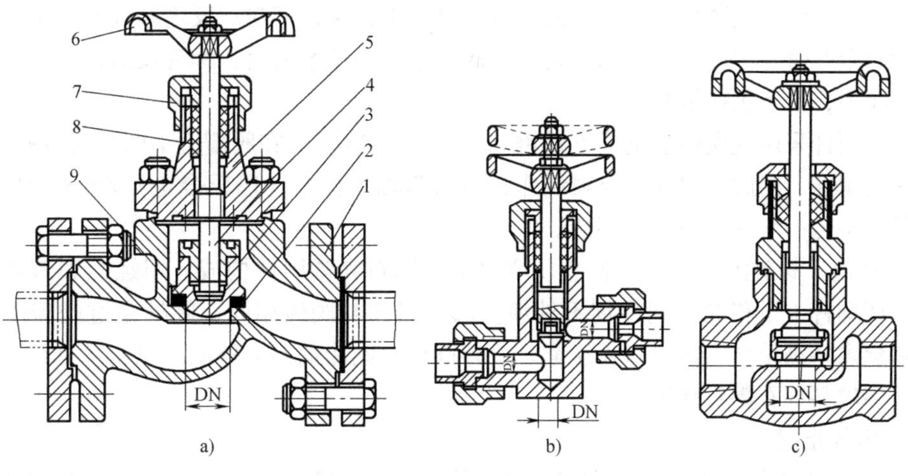

图 3-15　氨用直通式截止阀

a）法兰连接　b）外螺纹连接　c）内螺纹连接

1—阀体　2—阀座　3—阀瓣　4—阀杆　5—阀盖　6—手轮　7—压盖　8—填料　9—密封圈

在阀体内加工出阀座，制冷剂流体的通道由阀座与阀瓣的配合来控制，阀体材料有灰铸铁、可锻铸铁和球墨铸铁，通径小的阀体有的采用碳钢、合金钢和不锈钢制作，常用氨阀采用的铸铁牌号是 HT200。阀体两端的进出口和管道的连接方式有以下两种。

1）螺纹连接，用于通径较小的阀门。螺纹连接有外螺纹连接，用于通径 DN6～DN20；内螺纹连接（锥管螺纹），用于通径 DN6～DN32。

2）法兰连接，常用于连接通径≥25mm 的管道，法兰的形状有方形、圆形和腰形。

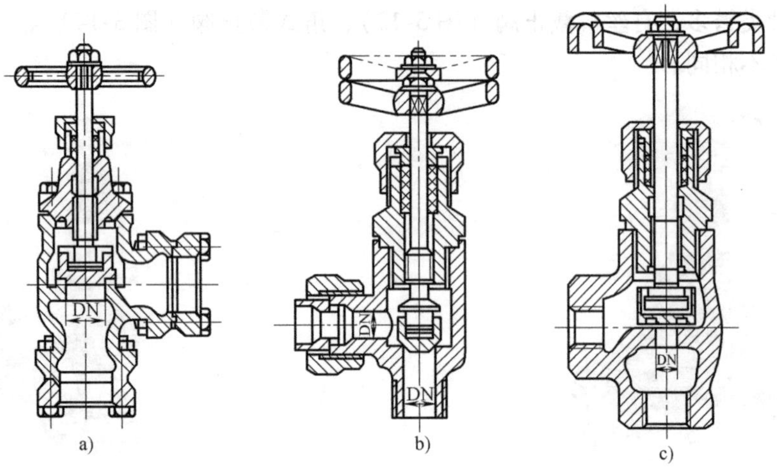

图 3-16　氨用直角式截止阀
a）法兰连接　b）外螺纹连接　c）内螺纹连接

（2）阀瓣　阀瓣是阀门的开关部件，包括阀瓣（又称阀头）、阀杆、手轮等主要零件及紧固件。手轮和阀瓣分别固定在阀杆的上下端，阀杆上的梯形螺纹与阀盖上的相应螺纹配合，旋转手轮阀杆带动阀瓣沿阀座中心线做上、下运动，可使阀瓣开启或关闭。当阀杆向下运动时，梯形螺纹可使阀瓣的密封圈紧紧压在阀座上，保证密封；反之阀杆向上运动升到最高位置阀门全开时，阀瓣上端面的密封圈与阀盖下端面压紧密封，称为反封，可防止制冷剂从填料处泄漏，便于更换填料。

阀瓣、阀杆采用优质碳素钢或不锈钢制作，常用 35 钢。在阀瓣上下两端面嵌有密封圈，密封圈采用耐蚀、耐磨、弹性的材料制作，通常为轴承合金（巴氏合金）ZSnSb11Cu6 或聚四氟乙烯，手轮一般用可锻铸铁制造。

（3）阀盖　阀盖由压盖、填料盒、填料盖、填料和紧固件构成，用螺栓和阀体固定在一起，保证阀杆上下移动和制冷剂不外泄。阀盖材料与阀体相同，阀杆穿过阀盖上的填料盒，填料盒内塞满填料，用填料盖压紧，旋转阀杆时制冷剂不会外泄。填料又称盘根，多采用油浸石棉填料或石墨石棉填料。

2. 氟用截止阀

氟用截止阀的结构如图 3-17 和图 3-18 所示，与氨用截止阀基本相似，但氟用截止阀中可采用铜和铜合金材料。另外，为了防止氟利昂制冷剂泄漏，氟用截止阀除采用填料密封外，还采用阀帽和紧固密封件。调节时，需拧下阀帽和松动紧固密封件。调节结束时，需拧紧紧固密封件并盖上阀帽。

二、低压浮球调节阀

低压浮球调节阀用于满液式制冷系统，安装在满液式蒸发器的端部或侧面，用来控制蒸发器内制冷剂的液面，使其保持定值。图 3-19 所示为低压浮球调节阀的结构，由壳体、浮球、浮球杆、阀座、阀针和平衡块等组成。壳体的上、下两个带法兰的孔分别与蒸发器的蒸气空间和液体空间相连通。这样，浮球室与蒸发器具有相同的液面。浮球阀中用以启闭阀门

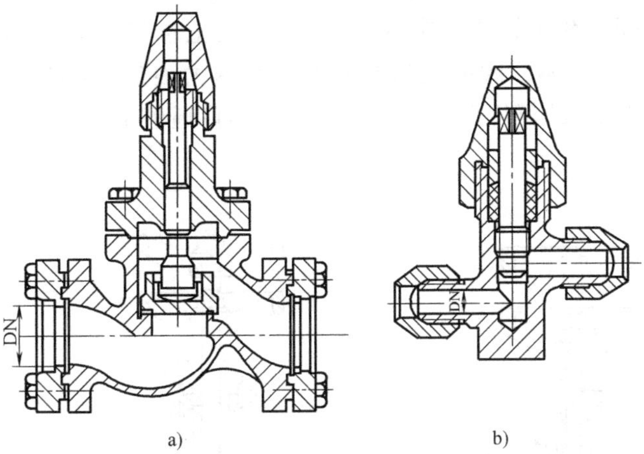

图 3-17　氟用截止阀
a）法兰连接　b）外螺纹连接

的动力是一个钢制浮球，当蒸发器的负荷改变而引起液面变化时，浮球即随液面在浮球室中升降。浮球杆通过杠杆推动节流阀的阀针，因此阀门可随着蒸发器中液面的下降或上升自动开大或关小，以保持大致恒定的液面。浮球阀的这种调节方式为比例调节。大容量的浮球阀一般不用阀针，而采用滑阀结构。

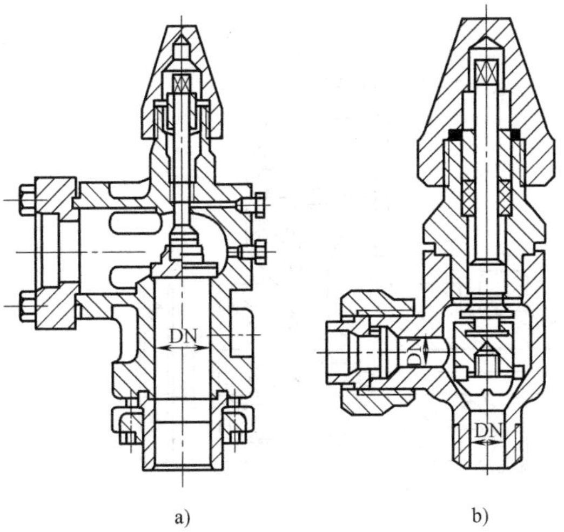

图 3-18　氟用直通式截止阀
a）法兰连接　b）外螺纹连接

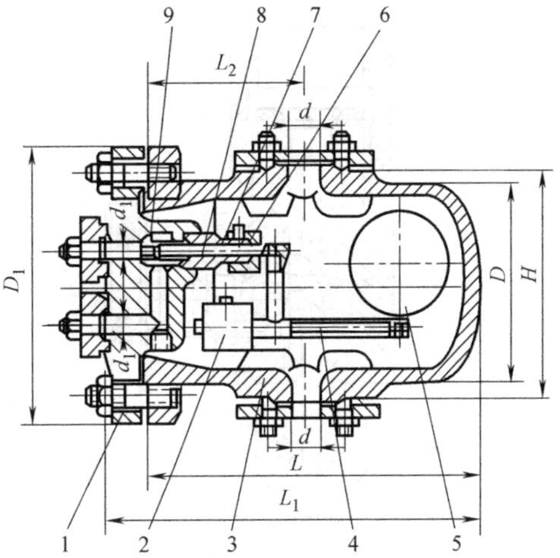

图 3-19　低压浮球调节阀的结构
1—端盖　2—平衡块　3—壳体　4—浮球杆
5—浮球　6—帽盖　7—接管　8—阀针　9—阀座

三、压力表阀

压力表阀是制冷设备、调节站和加氨站专用控制压力表的阀门，便于压力表安装与检修。

压力表阀与截止阀的结构大体相同，分氨用压力表阀（图3-20）和氟用压力表阀（图3-21）。由于压力表阀与截止阀的用途不一样，故结构上也稍有不同。压力表阀的通径小，通常公称直径为DN3～DN4，阀的出口端有专门与压力表螺纹相连接的内螺纹（M20×1.5）。氟用压力表阀和有的氨用压力表阀阀体内进出口通道上设有很薄的膜片，由装在阀头上的钢球控制。

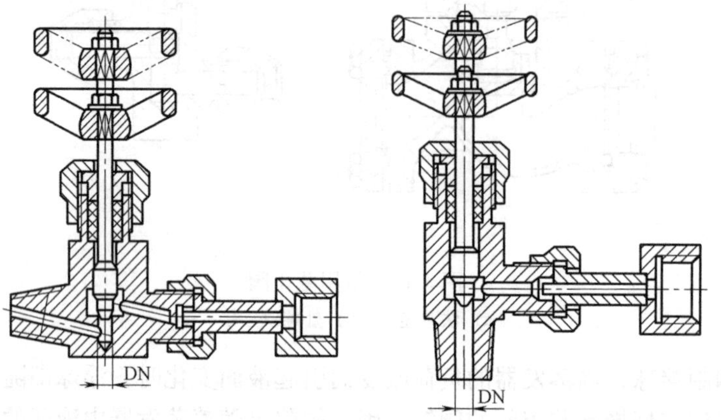

图3-20 氨用压力表阀

a）直通式 b）直角式

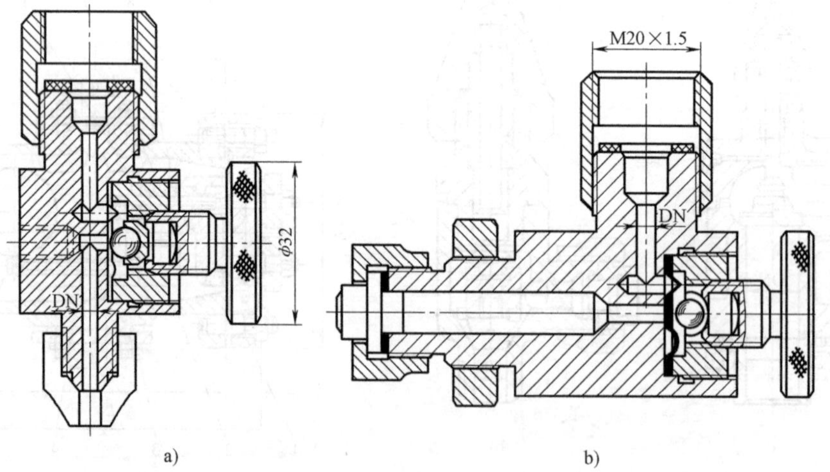

图3-21 氟用压力表阀

a）直通式 b）直角式

四、止回阀

止回阀又称止逆阀或单向阀，靠制冷剂在阀前后的压力差自动启闭。制冷系统管路上设置止回阀是为了防止制冷剂倒流。

止回阀的结构形式有升降式和旋启式两大类，在制冷系统中，其阀瓣沿着阀体的垂直中心线移动。止回阀又分为无弹簧和有弹簧两种。无弹簧升降式止回阀由阀体、阀瓣、导向套和阀盖等组成。阀体上有阀座，阀瓣的下端面有密封圈，用巴氏合金或聚四氟乙烯材料制作。阀体靠阀瓣自重复位，当制冷剂进口压力大于出口压力并能克服阀瓣重量时，才能开启阀门。有弹簧升降式止回阀如图 3-22 所示，由阀体、阀座、阀瓣、弹簧、支承等构成。它依靠弹簧弹力的作用使阀瓣回座关闭，因此安装方位不受限制，但是有气用和液用的分别，气用弹簧较液用弹簧弹力小，使阻力尽可能减小，在订货时需说明。

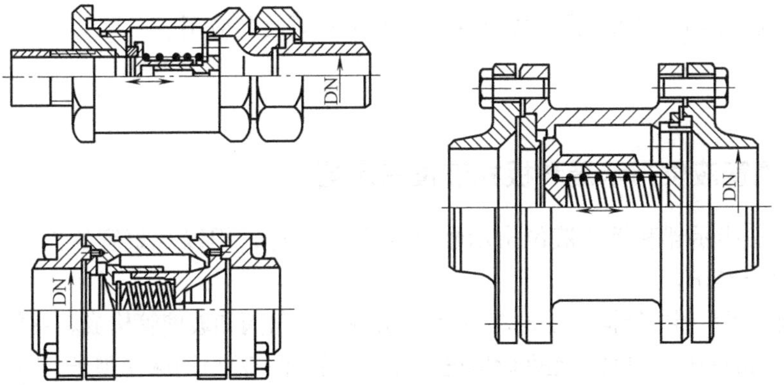

图 3-22　有弹簧升降式止回阀（氨、氟用）

止回阀又有卧式（图 3-23）和立式（图 3-24）之分。卧式止回阀只可水平安装在管路上，立式止回阀只能垂直安装，不可相互取代。此外还有旋启式止回阀（图 3-25）和美标止回阀（图 3-26）。

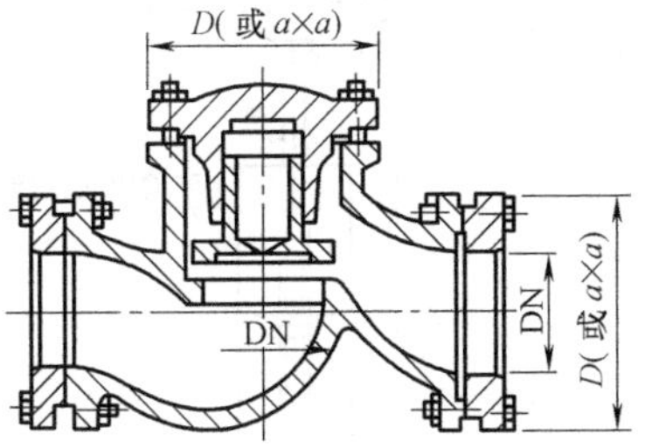

图 3-23　氨用卧式止回阀（无弹簧升降式）

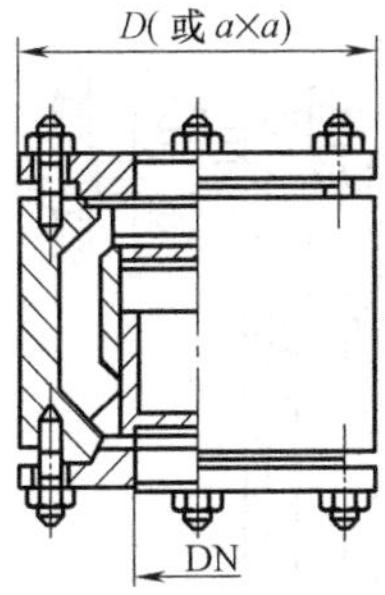

图 3-24　氨用立式止回阀（无弹簧升降式）

图 3-25　旋启式止回阀

图 3-26　美标止回阀

课题三 液位指示器

【知识要点】

1）玻璃管液位指示器和板式液位指示器的结构特点与工作原理。

2）油包式液位指示器的结构特点与工作原理。

3）压差式低温液位指示器的结构特点、工作原理及其应用。

【相关知识】

一、玻璃管液位指示器和板式液位指示器

玻璃管液位指示器和板式液位指示器（又称液面计，用以观察容器内制冷剂液体和润滑油液面，便于操作。

玻璃管液位指示器的结构如图3-27所示，由两只直角阀和玻璃管构成。直角阀（俗称弹子阀）属于截止阀的一种，其特点是在阀体进口通道上装有一粒小钢球（弹子），拧上特制螺母以防钢球滚出，阀体出口端与玻璃管接口处用填料密封，以防止制冷剂或冷冻油泄漏。

玻璃管液位指示器工作时，上、下两只直角阀开启，钢球靠自重沉于通道底部，玻璃管内上下畅通，压力均衡，在玻璃管内显示容器中制冷剂液面。但低压制冷剂容器需加压力才能显示液面，否则由于制冷剂蒸气的存在无法看到平稳的液面。

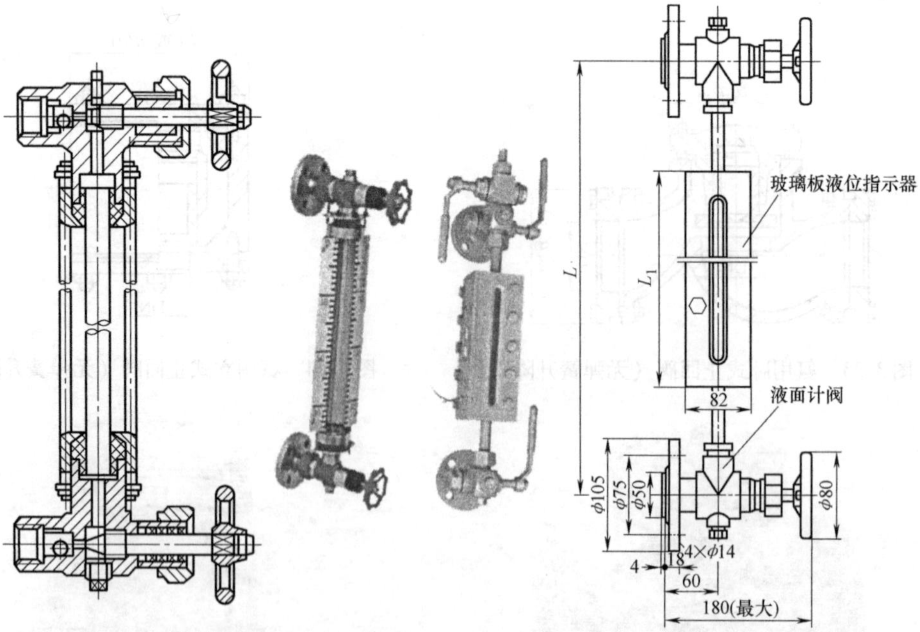

图3-27 玻璃管液位指示器的结构

当玻璃管破裂时，两只直角阀出口端为大气压力，容器内制冷剂压力大，要大量外泄，原沉于通道底部的钢球在容器液体外泄压力的作用下冲向阀孔，及时堵塞阀孔，从而制止制

冷剂大量外泄。

玻璃管液位指示器通常随设备带来，不需另行制作。现在出厂的集油器和贮氨器的液位指示器为了安全操作，采用钢材制作成扁形长方体，嵌以干面耐压玻璃，替代玻璃管来显示液面，其他结构和工作原理与玻璃管液位指示器相同。

二、油包式液位指示器

在低压容器中使用玻璃管液位指示器，如果不加压是无法直接从玻璃管观察到制冷剂液面的，但有的设备工作时又不允许加压，如中间冷却器、氨液分离器、低压循环贮液器等，改用油包式液位指示器可以以玻璃管中的油面高度来较正确地反映容器内的液面。油包式液位指示器是低温液位指示器的一种，又称油管式液位指示器。

油包式液位指示器由存油器和玻璃管液位指示器组成，如图 3-28 所示。存油器用 ϕ89mm × 3.5mm 的无缝钢管制成，上、下有封板，上封板焊有放空气管接头，下封板焊有排污管接头，两侧分别有与容器筒身下部及玻璃管液位指示器下端直角阀连接的管接头，如图 3-29 所示。玻璃管液位指示器上部直角阀与容器筒身上部相通，直角阀顶端钻有加油孔并用管堵封闭。存油器制成后先用 0.59MPa 的气压排污，再以 1.18MPa 的气压进行气密性试验，不漏后再注油，投入工作。加油时应先将阀 1、阀 3 关闭，再开排污阀 6 放净油垢然后关闭，这时开启放气阀 4，拧下管堵 5，注入冷冻油，直到从放气阀 4 看到油面时再关闭放气阀 4，并拧紧管堵 5，开启阀 1 和阀 3，使气液压力在玻璃管内均衡，显示出与容器液面高度相应的油面。

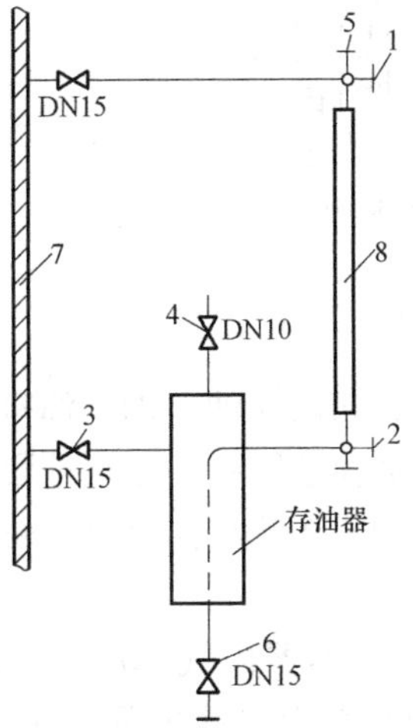

图 3-28　油包式液位指示器
1～3—阀　4—放气阀　5—管堵　6—排污阀
7—容器　8—玻璃管液位指示器

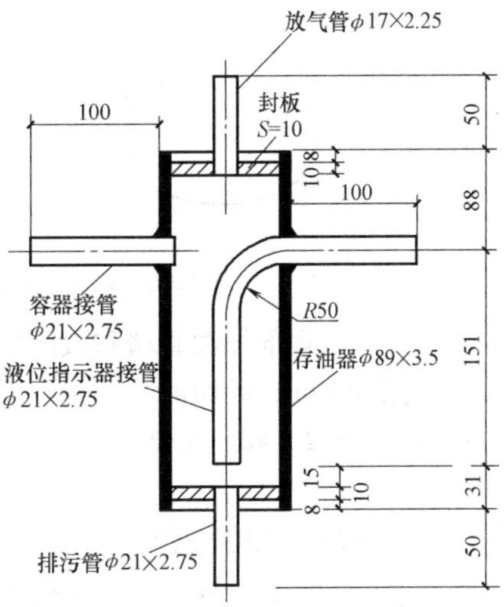

图 3-29　存油器

油包式液位指示器结构简单，易于操作，油面稳定，反应灵敏、准确，观察方便，所以广泛用在中间冷却器、氨液分离器、低压循环贮液器及排液桶上。

三、压差式低温液位指示器

压差式低温液位指示器与油包式液位指示器的不同之处是用连通管连接玻璃管液位指示

器，装置在远离所要指示液面容器的地方，以便于观察、操作和检修。

压差式低温液位指示器的结构如图 3-30 所示，由蒸发室和液位指示器两部分组成，分别与液、气相均压管连接构成一体。蒸发室用 ϕ57mm×3.5mm、长 1000mm 的无缝钢管制作，下部管接头与容器相通，顶端管接头与液压室相通，液位指示器包括气压室（ϕ45mm×3mm）、液压室（ϕ38mm×3mm）、油室（ϕ76mm×3.5mm）、加油管（ϕ10mm×2mm）和玻璃液位指示器等。上部气压室两侧分别有与气、相均压管及玻璃管液位指示器直角阀连接的管接头，顶端设加油管堵，通过加油管（ϕ10mm）与油室相通。中部液压室与下部油室相通，液压室上部两侧设有液相均压管管接头和放空气管堵。下部油室底部有放油管堵，侧面设有与玻璃管液位指示器直角阀连接的管接头。

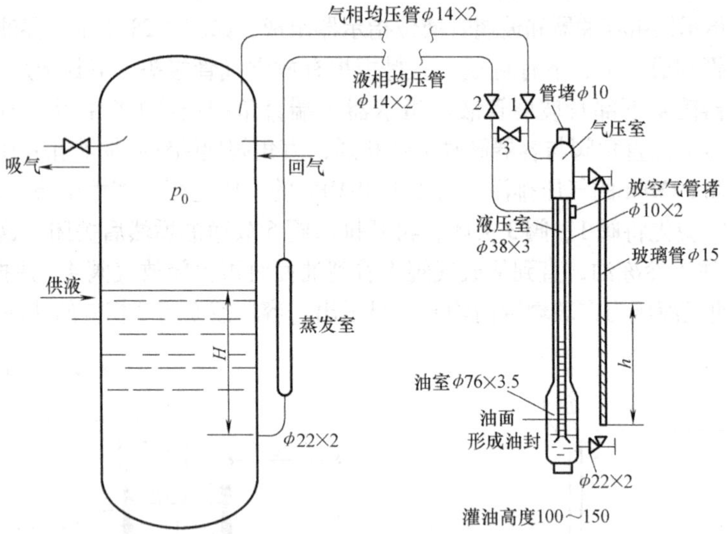

图 3-30　压差式低温液位指示器的结构

使用前拧下气压室顶部加油管堵和液压室的放空气管堵，向内注油，加到油室油高度为 100～150mm，淹没 ϕ10mm 的加油管下端，用油封隔开气压室和液压室。分别拧紧加油和放空气管堵，将阀 1、阀 2、阀 3 全部开启，把系统抽空，并将玻璃管内显示的油面用标记定下，作为起始油位。

液位指示器工作时，如略去管道阻力，则气压室压力等于容器内气体压力即蒸发压力 p_0，而液压室压力 p 等于蒸发室压力，是蒸发压力 p_0 与液面高度 H 产生的静压 p_H 之和，即

$$p = p_0 + p_H \tag{3-3}$$

如果关闭阀 3，开启阀 1 和阀 2，则液压室的压力大于气压室的压力，两者间的压力差为 p_h，从而使油室的冷冻油沿 ϕ10mm 油管和玻璃管上升到一定高度 H，形成的液柱压力 $p_h = p_H$，即 $p_h = p_H$，以达到压力平衡。所以容器内液面升降引起的压差变化使设置较远的玻璃管中的油面相应升降，间接地显示出液面高度的变化。在氨用制冷系统中，氨比油的密度小，通常采用的氨与油的密度之比为

$$\rho_{氨}:\rho_{油} = 0.7:1$$

$$H = \frac{1}{0.7}h = 1.43h \quad 或 \quad h = 0.7H$$

式中　h——玻璃管中的油面高度（mm）；

H——容器内液面的高度（mm）；

$\rho_{氨}$——氨的密度（kg/m^3）；

$\rho_{油}$——冷冻油的密度（kg/m^3）。

按上式，可以从玻璃管内的油面高度 h 折算出容器内制冷剂的实际液面高度 H。

压差式低温液位指示器与前述两种指示器相比，最大优点是观察地点不受容器所在位置的限制，且结构简单，便于制作，所以普遍用于低压循环贮液器和氨液分离器。

技能训练一　热力膨胀阀的调节与整定

一、目的与要求

熟悉热力膨胀阀过热度的计算方法，掌握热力膨胀阀的调节与整定步骤。

二、材料工具、仪器与设备

数字温度表、低压压力表、螺钉旋具、扳手等。

三、实训步骤

1）停机。将数字温度表的探头插入蒸发器回气口处（对应感温包位置）的保温层内，将压力表与压缩机低压阀的三通相连。

2）开机。让压缩机运行 15min 以上，进入稳定运行状态，使压力指示和温度显示达到稳定值。

3）读出数字温度表温度 T_1 与压力表测得压力所对应的压焓图温度 T_2，过热度为两读数之差 T_1-T_2。注意：必须同时读出这两个读数。热力膨胀阀过热度应为 5～8℃。如果不是，则需进行适当的调整。

4）拆下热力膨胀阀的防护盖。

5）转动调整螺杆 2～4 圈。机房专用空调的热力膨胀阀一般采用散型齿轮式和压杆式。散型齿轮式是用一个小齿轮带动一个大齿轮，调节的圈数比较多，一般可以调 2～4 圈；压杆式可调圈数比较少，每次调 1/4 圈。

6）等系统运行稳定后，重新读数，计算过热度是否在正常范围。否则，重复第 5、6）操作，直至符合要求。

四、注意事项

调节过程中必须小心仔细：如果热力膨胀阀油堵严重，应将其拆下后用无水乙醇进行清洗，再重新装上；失去调节功能的热力膨胀阀应更换；安装热力膨胀阀时需注意感温包的安装位置并做好保温工作。

另外，在实际中采用仪表检查热力膨胀阀的工作情况，往往要浪费大量的时间。因此，可采用目测与仪表检查相结合的方法，即先用眼睛观察压缩机回气管的结露情况，发现异常后，再用仪表检查。这样可以节约大量的时间，而且完全可以达到检查的目的。在调节膨胀阀的过程中，应注意在不同的运行情况下和环境温度下，压缩机有不同的物理现象。如在高温（−10～+10℃）、中温（−20～−10℃）、低温（−45～−20℃）情况下，压缩机的蒸发压力表现在吸气管道上的结霜情况是不一样的，在调试膨胀阀的过程中应根据负荷来调整膨胀阀的开启度（即流量的大小）。这一过程需要经验的积累。

图3-31所示是膨胀阀开启度不同时，制冷剂在蒸发器与压缩机吸气端所产生的三种不同的过热度状态。涉及的基本概念：过热度＝回气温度－蒸发温度，如过热度＝10℃－4℃＝6℃。注意，过热度是温差，不是温度。

读取过热度的最佳时机：稳定的高负荷、稳定的低负荷、设备因温度或压力停机之前、除霜之前，当有回液时尤其要仔细观察。

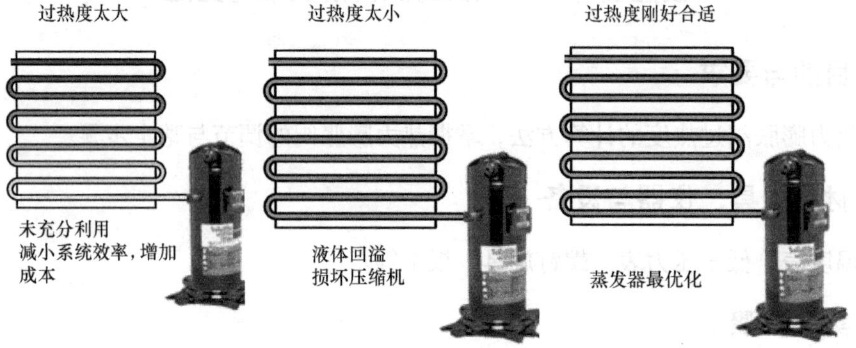

图3-31　过热度与结霜情况

五、实习报告

<table>
<tr><td>班级</td><td></td><td>姓名</td><td></td><td>同组人</td><td></td></tr>
<tr><td>实训项目</td><td colspan="5"></td></tr>
<tr><td colspan="3">实训过程：</td><td colspan="3">示意图：</td></tr>
<tr><td>评价</td><td colspan="5">签　名
年　月　日</td></tr>
<tr><td>完成时间</td><td colspan="2"></td><td>实习成绩</td><td colspan="2"></td></tr>
</table>

技能训练二 电冰箱（冰柜）毛细管长度的测定

一、目的与要求

掌握电冰箱（冰柜）毛细管长度的测定方法，并了解电冰箱维修后的正常标准。

二、材料工具、仪器与设备

检修后的电冰箱（冰柜）一台、钳形电流表、带压力表的复合修理阀、毛细管等。

三、测定原理

通常电冰箱要求压缩比达到10～12，才能使制冷系统达到设计规范。

电冰箱的压缩机是高压压缩机，其本身的压缩比已能远远满足要求了，所以10～12的压缩比用节流毛细管来控制即可。加长毛细管可以提高高压压力，从而增大实际压缩比，减短毛细管可以减小实际压缩比。

若以压缩比为10为例，当制冷系统的低压表压力为0.02MPa时，其绝对压力为0.12MPa。由于压缩比为10，所以高压压力是低压压力的10倍，则高压压力为1.2MPa，用压力表读数为1.1MPa。

实际调试电冰箱毛细管时，选压缩比为11，将压缩机的低压端开口放置在大气中，大气压力在表上的读数为0，实际的压力为0.1MPa。在压缩机高压端接压力表、过滤器和毛细管，由于毛细管的阻流产生了高压压力读数，在压缩比为11时，高压压力也应该是低压压力的11倍，所以高压压力是1.1MPa，表压力为1MPa。

其实一台好的电冰箱其压缩比是能达到12的，因此调试毛细管的长度时高压读数为1.1MPa是可以的。一般用电冰箱专用3m毛细管进行调试，观察高压压力表（适当剪短毛细管即可调整）。对于家用空调也如此，只是其压缩比通常选3～3.5。

四、实训步骤

1）在需要更换毛细管的电冰箱（冷柜）的冷凝器输出端换一个双尾干燥过滤器，焊接好冷凝器的接头和针阀工艺管（针阀工艺管选择直径为6mm的铜管）。

2）选择一条基本上与原毛细管差不多内径的毛细管，通常内径为0.5～1mm，其长度可根据压缩机的功率估计，一般为2.0～3.0m。

3）把毛细管一端焊接到干燥过滤器的输出端，另一端暂不焊接。毛细管一端焊接的插入深度一般为0.5～1cm，不能太深，过深会触到干燥过滤器的过滤网上造成堵塞；也不能过短，太短会使脏物堵住毛细管。

4）焊接无误后，切开压缩机的工艺口。

5）将过滤器端的工艺管打开，并连接复式修理阀高压管。

6）开启压缩机，观察复式修理阀高压压力表的压力。

7）如果高压压力表的压力稳定在1MPa左右，可以认为合适。压力过高就要割断一小段毛细管，压力过小时就加一小段，反复试验直到合适为止。

8）将毛细管和蒸发器连接好，抽真空，加制冷剂，进行调试。

在实际维修中，进行不断的测试即可得出标准的长度，以后无需测试便可知道长度，但是所使用毛细管的直径必须与测试的毛细管直径一致。

五、实训报告

班级		姓名		同组人	
实训项目					
实训过程：			示意图：		
实训总结	签 名 年 月 日				
完成时间		实习成绩			

单元小结

1）节流机构是制冷系统中的重要部件之一。

2）热力膨胀阀是温度调节式节流阀，根据结构不同可分为内平衡式和外平衡式两种。

3）电子脉冲式膨胀阀用于一些需要精细流量调节的制冷装置，可以得到满意、可行且高效的节能效果。

4）毛细管节流机械一般用于小型的氟利昂装置中，可以简化结构。

5）制冷与空调系统中常用的阀门有截止阀、安全阀、压力表阀及止回阀。

习题

3-1　节流机构的作用是什么？

3-2　常用的节流机构有哪些？

3-3　热力膨胀阀分为哪几种？它们的工作原理有什么不同？

3-4　电子脉冲式膨胀阀适用于什么制冷装置？

3-5　毛细管作为节流机构的优点是什么？适用于哪些系统？

3-6　截止阀分为哪几种？它们之间有什么不同？

单元四 制冷系统的辅助设备

内容构架

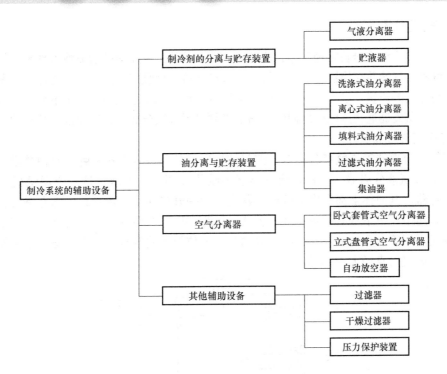

- 制冷系统的辅助设备
  - 制冷剂的分离与贮存装置
    - 气液分离器
    - 贮液器
  - 油分离与贮存装置
    - 洗涤式油分离器
    - 离心式油分离器
    - 填料式油分离器
    - 过滤式油分离器
    - 集油器
  - 空气分离器
    - 卧式套管式空气分离器
    - 立式盘管式空气分离器
    - 自动放空器
  - 其他辅助设备
    - 过滤器
    - 干燥过滤器
    - 压力保护装置

学习引导

目的与要求

1）掌握制冷剂的分离与贮存装置的结构特点和工作原理。

2）掌握冷冻机油（润滑油）的分离与贮存装置的结构特点和工作原理。

3）熟悉空气分离器的结构特点和工作原理。

4）熟悉过滤器、干燥过滤器、安全阀、紧急泄氨器的作用和结构。

重点与难点

重点：高压贮液器、气液分离器、低压循环贮液器、排液筒、油分离器、集油器、空气分离器的结构与作用。

难点：放空气操作，油分离器的安装与操作，干燥过滤器的更换操作。

课题一　制冷剂的分离与贮存装置

【知识要点】

1）熟悉制冷剂气液分离器的种类及其基本构造和工作原理。

2）了解制冷剂贮液器的种类及其基本构造和工作原理。

【相关知识】

一、气液分离器

为了使制冷系统安全稳定地工作，应防止制冷剂液体进入压缩机造成液击现象。在氟利昂系统中，可利用气液热交换器让液体和气体进行热交接，使吸气过热，或采用热力膨胀阀控制蒸发器中制冷剂的流量，以保证压缩机的安全运行。在氨制冷系统中，由于不允许吸气过热度太大，因此在蒸发器通往压缩机的回气管路上必须设置气液分离器，以保证压缩机的干压缩。

1. 氨用气液分离器

氨用气液分离器简称氨液分离器，按其结构形式的不同有立式和卧式两种类型。

（1）立式氨液分离器　立式氨液分离器的结构如图 4-1 所示，是一个用钢板焊制成的密闭压力容器。其筒体上部有出气管伸入器内，为一开口向上的弯管；中部有进气管伸入容器内，开口向下；中下部有供液管伸进容器内，为一向下弯曲的弯管。另外，筒体上还有平衡管、气液均压管、压力表、安全阀、放油管和液位指示器等接头。立式氨液分离器的筒体直径一般比进气管直径大 4 ~7 倍。

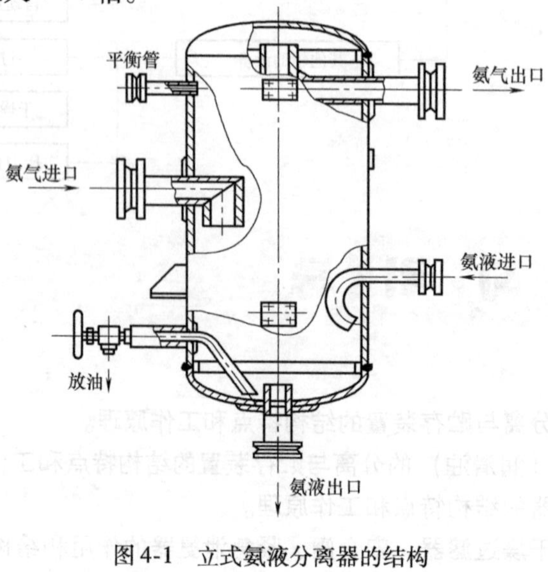

图 4-1　立式氨液分离器的结构

立式氨液分离器工作时，来自蒸发器的湿饱和蒸气由进气管进入氨液分离器，经折流向下，流通截面积突然扩大，流速降至0.5m/s左右，这时湿饱和蒸气进行气液分离，液体落下流至氨液分离器底部，而分离出液体后的干饱和蒸气汇同高压液体节流后产生的闪发气体再一次折流，经开口向上的出气管送往压缩机。另一路由高压贮液器来的液体经节流后由进液管供入氨液分离器内液面以下，受进液管弯头导向，沿器壁流入器底，不会引起飞溅。液体中夹带的冷冻机油（润滑油）因密度大于氨液而沉积于容器底部，可以从底部的放油管放至集油器。氨液比油轻，浮在上面，当其高度超过出液管管口时，由出液管供往蒸发器制冷。

立式氨液分离器上的平衡管可与低压贮液桶或排液桶等设备上的减压管连接。气液均压管与液位指示器及浮球阀（或液面控制器）的气液均压管连通。

氨液分离器不仅要分离制冷剂蒸气中混有的液体及制冷剂液体中的蒸气，还要通过分调节站向各冷间蒸发器均匀供液，因此氨液分离器必须保持一定高度的稳定液面。它的正常液面应高于供液冷间最高层排管液面0.5～2m，需克服管路阻力，以保证蒸发器所需的供应量。如氨液分离器安装位置过低，会造成蒸发器供液不足；安装位置过高，会增大蒸发器内静压力的影响，使蒸发温度升高，影响冷间的正常降温。为了减少供液管路上的局部阻力，保证氨液能充分供应到蒸发器，氨液分离器的出液管截面积应比进液管截面积大一倍。

氨液分离器若仅用于分离气体中的液体，它的安装高度能使分离器中的氨液自动流入低压贮液桶（或低压排液桶）即可。氨液分离器上的平衡管与低压贮液桶或排液桶上的减压管连接，其供液管封闭，气液均压管仅与液位指示器连接。这种形式的氨液分离器安装在机房内以保证压缩机的正常运行，防止产生湿冲程。

（2）卧式氨液分离器　卧式氨液分离器的结构如图4-2所示，容器内液面与出气管之间的距离较近，容易把飞溅的液滴带走，所以它仅用于安装高度受限制的冷间。冷藏船舶通常情况下皆采用立式氨液分离器。氨液分离器是低温低压设备，外部都要包隔热层。

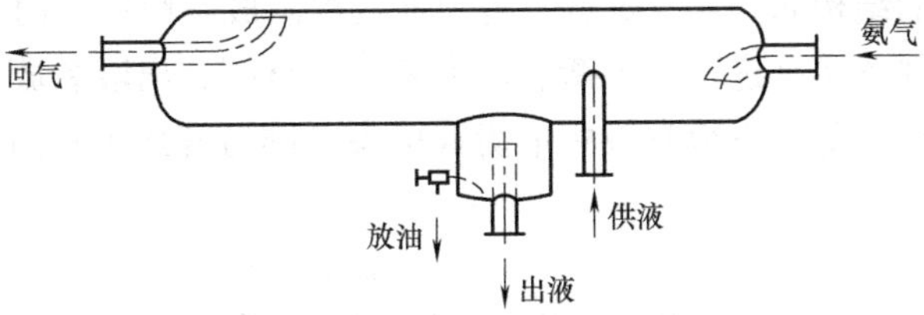

图4-2　卧式氨液分离器的结构

2. 氟用气液分离器

氟用气液分离器的结构形式有挡液板式和U形管式等。

（1）挡液板式氟用气液分离器　它是一个用钢板卷焊成的密闭压力容器，结构如图4-3所示。容器上部有出气管接头，中下部有进气管接头，下部有排液口。氟用气液分离器内上部有一挡液板，自蒸发器来的湿饱和蒸气由进气管进入，经挡液板进行气液分离，分离后的干饱和蒸气经出气管送往压缩机，分离后的液体经排气口流入排液桶或低压贮液桶。

（2）U形管式氟用气液分离器　它是利用气流方向的改变来使气液分离的，结构如图4-4所示。U形管式氟用气液分离器中的接管管径与回气管相同，制冷剂蒸气在气液分离器内的流速小于0.5m/s。在U形管上开有小孔，使分离出来的油和液滴能经过小孔，小孔的孔径取决于回气管的长度和压缩机制冷量的大小，使进入小孔的液体能在U形管式气液分

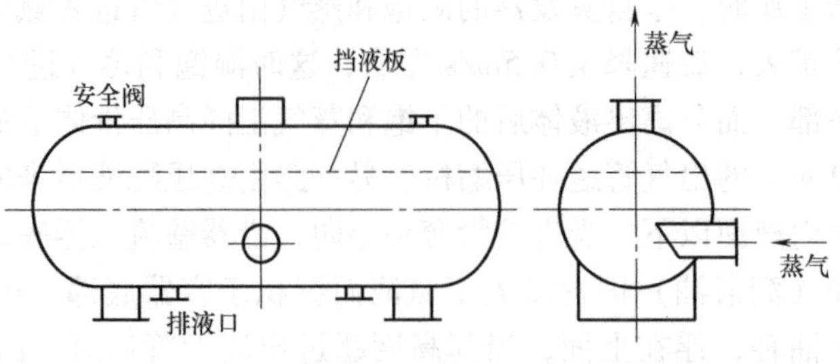

图 4-3　挡液板式氟用气液分离器的结构

离器内全部汽化，这样可以避免压缩机产生湿冲程，并能将冷冻机油（润滑油）带回制冷压缩机。

二、贮液器

贮液器是用来贮存和供应制冷系统中的液体制冷剂的设备，根据其作用和工作压力不同可分为高压贮液器和低压贮液器两种。

1. 高压贮液器

高压贮液器位于冷凝器之后，用来贮存来自冷凝器的高压液体，不致使液体淹没冷凝器的表面。它可使冷凝器的传热面积充分发挥作用，并且可根据工况变动调节和稳定制冷剂的循环量。此外，高压贮液器还起液封的作用，防止高压制冷剂气体窜到低压系统管路中。

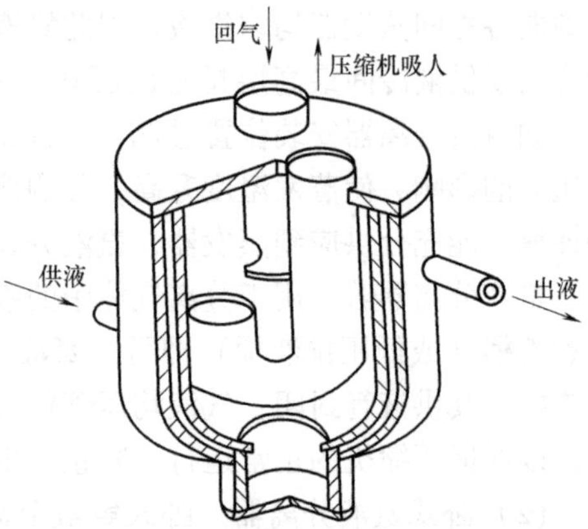

图 4-4　U 形管式氟用气液分离器的结构

氨用高压贮液器的结构如图 4-5 所示，是用钢板焊制成圆筒形、两端焊有拱形盖的密闭压力容器。在筒体上部依次有进液、平衡、压力表、安全阀、出液和放空气等管接头，其中出液管伸入筒体内接近底部，下部有液相平衡管接头、排污管接头和油包，油包上装有放油

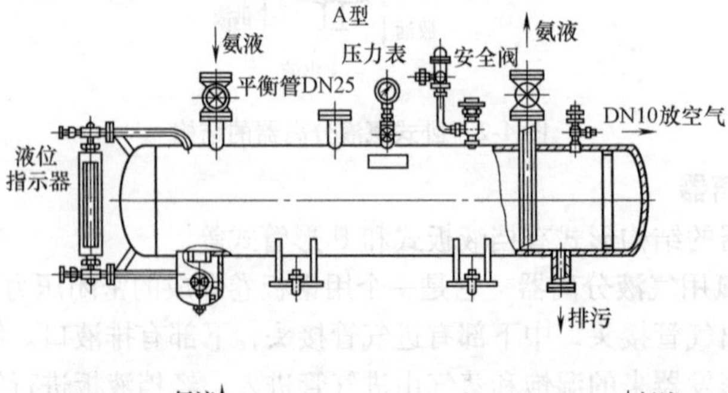

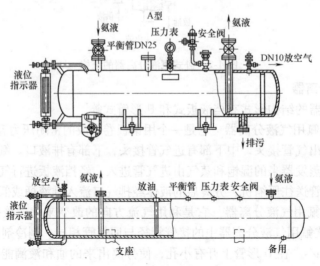

图 4-5　氨用高压贮液器的结构

管接头。有些厂家生产的氨用高压贮液器管下部不设油包，放油管自筒体上部伸入筒内接近底部。高压贮液器的一端装有液位指示器。

高压贮液器上的进液管、平衡管分别与冷凝器的出液管、平衡管连接。平衡管可使两个容器中的压力相平衡。利用位差，冷凝器中的液体可以通畅地流进高压贮液器内。高压贮液器的出液管与系统中各有关设备及总调节站连通。放空气管和放油管分别与空气分离器和集油器的有关管路连接。排污管一般是与紧急泄氨器相连，当发生重大事故时，做紧急处理泄氨液用。在多台高压贮液器并联使用时，要保持各高压贮液器液面平衡，各高压贮液器间都需用气相平衡管与液相平衡管连通。为了设备安全和便于观察，高压贮液器上设有安全阀、压力表和液位指示器。高压贮液器贮存的制冷剂液体最大允许容量为本身容积的 80%，最少不低于 30%。存液量过多，易发生危险和难以保证冷凝器中液体及时流入；存液量过少，则不能满足正常供液需要，甚至破坏液封，使高低压窜通，发生事故。

小型氟利昂制冷系统中的高压贮液器结构较简单，多为卧式贮液器，安装位置也应比冷凝器低，如图 4-6 所示。它只有进、出液管接头，若出液管设在贮液器上部时，就需伸入器内接近器底。贮液器上装有安全保护装置——易熔塞，如图 4-7 所示。易熔塞内孔堆焊有易熔合金，即低熔点合金，熔点在 70℃左右，当容器温度高于 70℃时，易熔合金熔化，高压的氟利昂液体喷向大气，以防止容器爆炸。

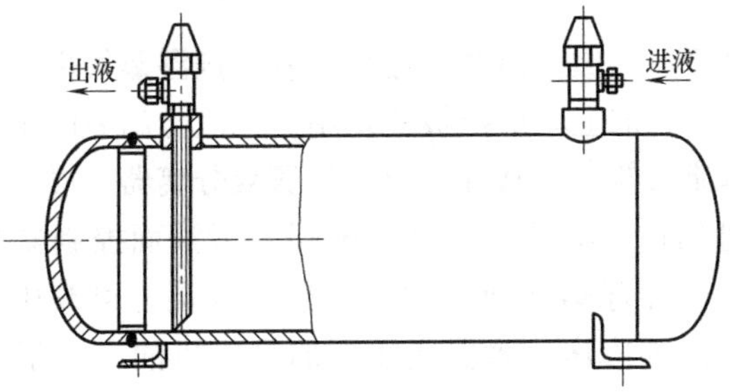

图 4-6 氟利昂卧式贮液器的结构

图 4-7 易熔塞

对于只有一个蒸发器的小型制冷装置，特别是氟利昂制冷装置，因气密性较好，故高压贮液器容量可选择得较小，或者不采用高压贮液器，仅在冷凝器下部贮存少量液体。

2. 低压贮液器

低压贮液器是设置在低压侧的贮液器，仅在大型氨制冷装置中使用。按用途的不同，低压贮液器可分为低压循环贮液器和排液桶等。

（1）低压循环贮液器 低压循环贮液器是用于液泵供液系统的气液分离器，在系统中的位置和氨液分离器一样，设置在蒸发器通往压缩机的回气管路上，起到气、液分离，保证向蒸发器均匀供液的作用。另外，对于小型制冷系统而言，还能起到融霜排液的作用。

低压循环贮液器有氨用、氟用，立式、卧式之分。

立式氨用低压循环贮液器是由钢板壳体及封头焊接而成的圆筒形密闭压力容器，如图 4-8 所示。筒体上焊有进气、出气、进液、冲霜回液、氨泵回液、氨泵供液、放油、排污、气液均压、安全阀和压力表等管接头。容器上部的进气管伸入器内，弯头朝下，出气管四周开有矩形出气口，末端焊有底板，避免气体直冲器底而影响连续供液。出气管伸入器内，弯头向上，使氨气流出时再一次折流，有利于将微小液滴充分分离。容器中部的冲霜排液管和进液管是伸入器内的向下弯头，出口朝向器壁，以利于进入的液体沿壁面流向器底而不会引起飞溅，并使夹带的冷冻机油（润滑油）被分离出来后沉积在容器底部。氨泵回液管与齿轮氨泵排液管上的旁通管相通，用于齿轮氨泵输出液体过剩时由回液管流回贮液器内，以免损坏氨泵（离心氨泵和屏蔽氨泵不需连通）。氨泵供液管一般有两根且成直角，带有与地面垂线间夹角为15°～60°的倾斜接管，分别通往两台氨泵。氨液从容器下部侧面流出，使产生的闪发气体能流回容器内，防止氨泵发生气蚀现象，影响氨泵的正常运行。贮液器上的气液均压管与液位指示器及浮球阀（或液面控制器）的气液均压管相接，如果容器上设有液位指示器的管接头，应分开连接。贮液器外壳应包隔热层。

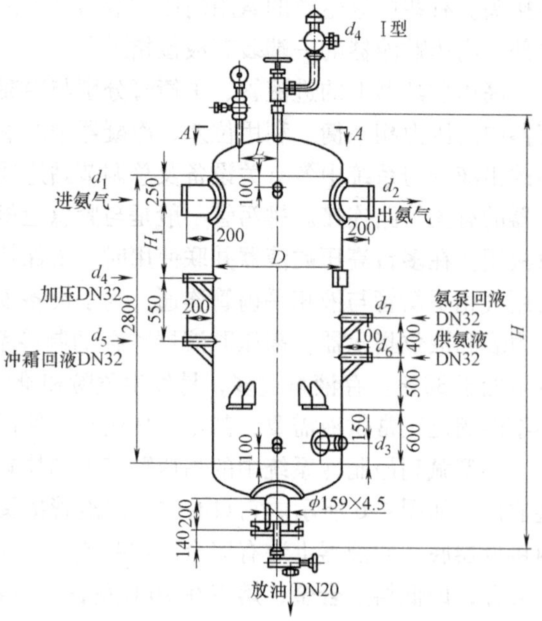

图4-8　立式氨用低压循环贮液器

低压循环贮液器的工作原理与氨液分离器类似。由蒸发器来的制冷剂湿蒸气由进气管进入低压循环贮液器内，流速降低，流向改变，加上伞形挡板的作用，气液分离后的干饱和蒸气经出气管流往压缩机的吸气总管，液体流入器底，其分离原理与氨液分离器一样。另一路自高压贮液器来的经中间冷却器冷却盘管的过冷液体，通过浮球阀（或液面控制器）由进液管供入容器内，保持规定的液面高度。若浮球阀（或液面控制器）失灵，可改用手动节流阀供液。容器内氨液从出液管供给氨泵送往库房，容器底积聚的冷冻机油（润滑油）定期由放油管排往集油器并排出。

立式氨用低压循环贮液器在正常运行时对液面要求比较严格。一方面应保证氨泵工作时所必需的最低吸入压头，另一方面还需防止因液面过高而引起压缩机出现湿冲程。低压循环贮液器的液面由液面控制器或浮球阀控制、调节。

卧式氨用低压循环贮液器的结构如图4-9所示，它也是用铜板壳体和封头焊接而成的圆筒形密闭压力容器。容器上的接管与立式氨用低压循环贮液器类似，所不同的是出气管不是直接伸入容器内而是伸入一个回气包内且弯头朝上，这样能使气液分离效果更好。

卧式氨用低压循环贮液器的工作原理与立式氨用低压循环贮液器相同。另外，在正常运行中，正常液面不应该超过容器高度的1/4，若液面比正常液面低40mm时，浮球阀（或液面控制器）动作，补充加液，液面达到工作范围上限时，浮球阀（或液面控制器）动作，停止加液。

在较大型的氟利昂制冷系统中，液泵供液一般是对制冷剂R22、R502而言的，常用的氟用低压循环贮液器为立式。

立式氟用低压循环贮液器的结构与立式氨用低压循环贮液器相似，所不同的是氨用低压循环贮液器的放油管位于容器的底部，而立式R22用低压循环贮液器的放油管则位于制冷剂液面部位，这是冷冻机油（润滑油）的密度低于R22的密度这一特性所决定的。R22用

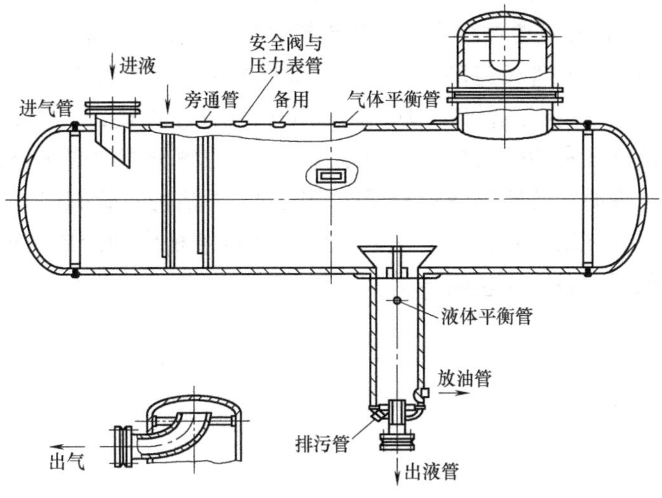

图 4-9 卧式氨用低压循环贮液器的结构图

立式低压循环贮液器的工作原理如图 4-10 所示。

（2）排液桶 排液桶一般布置在设备间靠近冷库的一侧，主要用于热氨融霜时，贮存由冷风机或冷却排管内排出的氨液，并分离氨液中的冷冻机油（润滑油）。另外，也可以用于中间冷却器、低压循环贮液器、气液分离器等设备液面过高或检修时的排液。

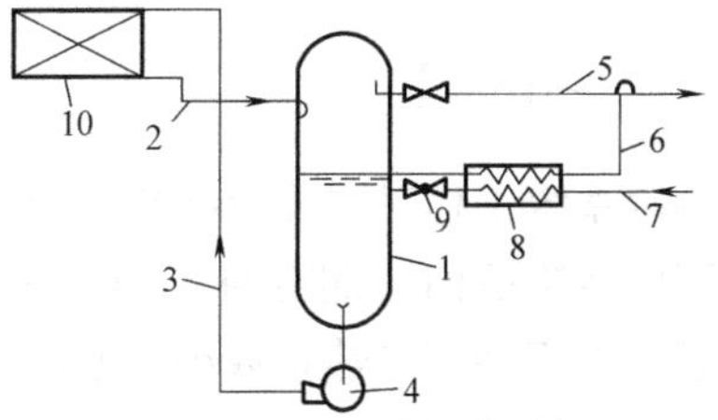

图 4-10 立式 R22 用低压循环贮液器的工作原理

1—立式低压循环贮液器 2—回气管 3—液泵供液管 4—R22 液泵 5—压缩机吸入管 6—放油管 7—低压循环贮液器供液管 8—油-液换热器 9—节流阀 10—蒸发器

排液桶的结构如图 4-11 所示，它也是用钢板焊制成的圆筒形、两端焊有拱形封头密闭的压力容器。在排液桶身上依次设有进液、安全阀、压力表、平衡管、出液管等接头。其中平衡管接头焊有一段直径稍大的横管，横管上再焊接两根接管，这两根接管根据用途称为加压管和减压管（均压管）。出液管伸入桶内接近底部。桶体下部有排污、放油管接头。容器的一端装有液位指示器。

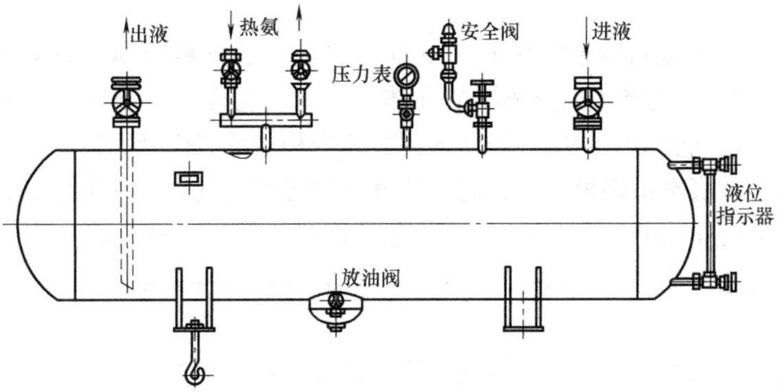

图 4-11 排液桶的结构

排液桶除了贮存融霜排液外，更重要的是对融霜后的排液进行气、液分离和沉淀冷冻机油（润滑油）。其工作过程是通过相应的管道连接来完成的。在氨制冷系统中，排液桶上的进液管与液体调节站的排液管相连接，出液管与通往氨液分离器的液体管或库房供液调节站相连接，减压管与氨液分离器或低压循环贮液器的回气管相连接，以降低排液桶内的压力，使热氨融霜后的氨液能顺利地进入桶内。加压管一般与热氨分配站或油分离器的出气管相连接，当要排出桶内氨液时，关闭进液管和减压管阀门，开启加压管阀门，对容器加压，将氨液送往各冷间蒸发器。在氨液排出前，应先将沉积在排液桶内的冷冻机油（润滑油）排至集油器。排液桶属低温设备，应包隔热层。

课题二　油分离与贮存装置

【知识要点】

1）熟悉油分离器的种类，掌握其基本构造、工作原理及特点。

2）了解集油器基本构造、工作原理。

【相关知识】

制冷系统工作时需要冷冻机油（润滑油）在机内起润滑、冷却和密封作用。系统在运行过程中冷冻机油（润滑油）随压缩机排气进入冷凝器甚至蒸发器，在传热壁面上凝成一层油膜，由于油膜导热系数小，使冷凝器或蒸发器的传热效果降低，所以要在压缩机和冷凝器之间设置油分离器，把从压缩机排出的过热蒸气中夹带的冷冻机油（润滑油）在进入冷凝器前分离出来。对于氨制冷装置，还要设集油器。

油分离器是一种冷冻机油分离的设备，将制冷剂过热蒸气中夹带冷冻机油（润滑油）的蒸气和微小油粒分离出来。油分离器的基本工作原理是利用油滴与制冷剂蒸气的密度不同，通过降低混有冷冻机油（润滑油）的制冷剂蒸气的温度和流速，使得其与冷冻机油（润滑油）分离开。

目前，常用的油分离器有洗涤式、离心式、填料式及过滤式等。

一、洗涤式油分离器

洗涤式油分离器是氨制冷系统中常用的油分离器，能分离出80%～85%左右的油量，其结构如图4-12所示。洗涤式油分离器的壳体是用钢板卷焊成圆筒形，上下两端焊有钢板制成的拱形封头。进气管由上封中心处伸入到容器内稳定的工作液面以下，管子下端四周开有四个矩形出气口，底部用钢板焊牢，防止流速高的过热蒸气直接冲击底部，将沉积的冷冻机油（润滑油）冲起。器内进气管中上部焊有多孔伞形挡板，进气管上有一平衡孔，位于伞形挡板之下，工作液面之上。筒身上部焊有出气管伸入筒内，并向上开口。筒身下部有进液和放油管接头。

进气管上的平衡孔是平衡压缩机排气管路、油分离器和冷凝器间的压力。其作用是当压缩机停车或发生事故时，不致因冷凝器压力高于压缩机排气管路压力而将油分离器中的氨液压入压缩机的排气管道中。

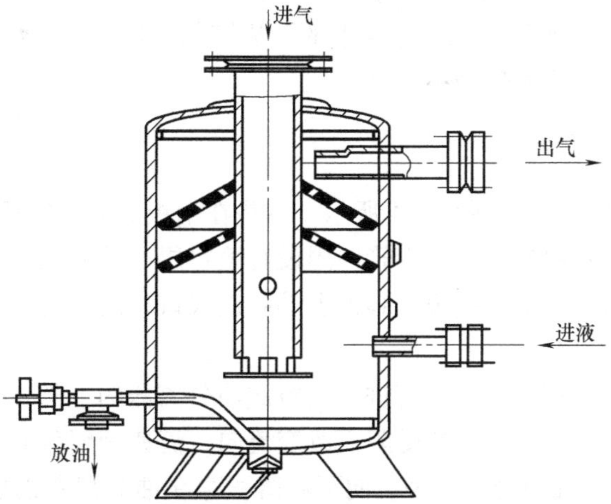

图 4-12　洗涤式油分离器的结构

洗涤式油分离器工作时，筒内氨液必须保持一定的高度。从压缩机来的氨油混合气体进入分离器中，依靠排气的减速、流动方向的改变，以及在氨液中进行洗涤、冷却，使部分油蒸气凝结成液滴并分离出来，分离出来的冷冻机油（润滑油）因其密度比氨液的大而逐渐沉积于筒底，故应定期通过集油器排向油处理系统。同时，筒内部分氨液吸热后气化并随被冷却的制冷剂排气，经伞形挡板受阻折流后，由排气管送往冷凝器。

在洗涤式油分离器中，氨液的洗涤冷却作用是主要的，因此设计施工和操作中必须使氨液液面高于进气管底部 125～150mm，以保证氨油混合的过热蒸气与氨液有较好的接触。安装时冷凝器的出液管应高于分离器进液管 200～300mm，其连接形式应从冷凝器出液管的底部接出。

二、离心式油分离器

离心式油分离器适用于较大型的制冷装置，它的结构如图 4-13 所示。离心式油分离器是用钢板制成的密闭容器，属于干式油分离器的一种。容器内装有与出气管下端连接、直径稍大的中心管，中心管外壁上焊有螺旋形隔板，中心管内焊有三层和水平面呈 30°角的多孔筛板，上面布满了直径为 $\phi5$ 的小孔，器内中下部焊有挡板，容器上部有进、出气管接头，下部有手动阀和浮球阀自动控制阀管接头。

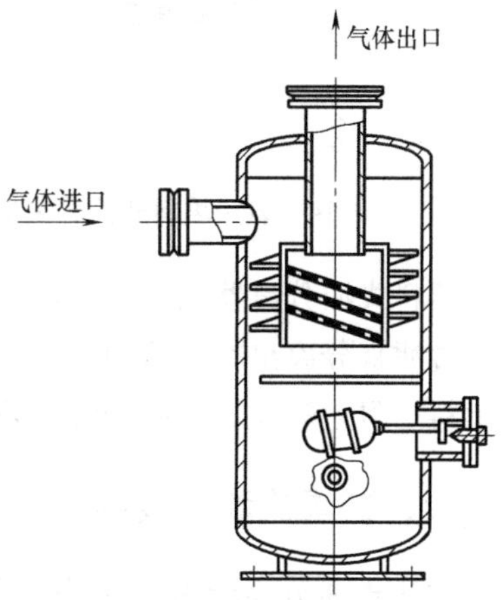

图 4-13　离心式油分离器的结构

离心式油分离器工作时，含有冷冻机油（润滑油）的压缩机排气由进气管进入容器内，由于流通截面积突然扩大而减速，并沿着螺旋隔板自上而下作旋转运动，使油滴在离心力作用下从排气中分离出来，沿筒体的内壁面流下积聚到容器底部。分油后的的制冷剂蒸气经中心管内多孔挡板，不断受阻折流改向后，从上部出气管导出。离心式油分离器的中下部挡板把容器内空间分为油的分离和贮存两部分，挡板既能使分离出的冷冻机油（润滑油）流入容器底部，又不会因气体的高速旋转运动而将底部积聚的油夹带走。当器底沉积的冷冻机油

（润滑油）达到的一定量后，浮球阀自动开启，将油压回压缩机轴箱中或由手动阀定期排入压缩机的曲轴箱中。有的离心式油分离器外部还焊有冷却水套，用水来冷却，目的是提高分油效果，但是据测试分油效果提高不显著。

三、填料式油分离器

氨用填料式油分离器结构如图4-14所示，它是在钢板焊制的密闭容器内用钢板隔成上、下两部分，隔板中间焊有钢管连通，钢管四周设有填料层。填料层的上、下方用两块多孔的钢板固定，填料层下面焊有伞形挡板。容器上部有进气口和出气管接头，下部有放油管接头和排污管接头。

工作时，制冷剂过热蒸气从进气管进入填料式油分离器的上部，由于气体流通截面积突然扩大，以及通过填料层时气流不断受阻而改变流向，流速减慢为0.4～0.5m/s，冷冻机油（润滑油）就从制冷剂蒸气中分离出来。向下滴落积存在油分离器的底部。分油后的制冷剂蒸气经反复折流、改向，最终由中心管通往出气管流向冷凝器。氨用填料式油分离器有A、B两种不同形式。A型壳体外焊有水套，该油分离器一般安装在压缩机机组上；B型外壳没有水套，该油分离器安装在制冷机与冷凝器之间。

氟利昂填料式油分离器的结构如图4-15所示，它和氨用填料式油分离器的结构基本相同，不同之处是筒体上部没有隔板隔开进气管和出气管，下部除有手动放油阀接头外还有浮球控制的自动回油阀，以便在工作时直接回油至制冷压缩机的曲轴箱内。

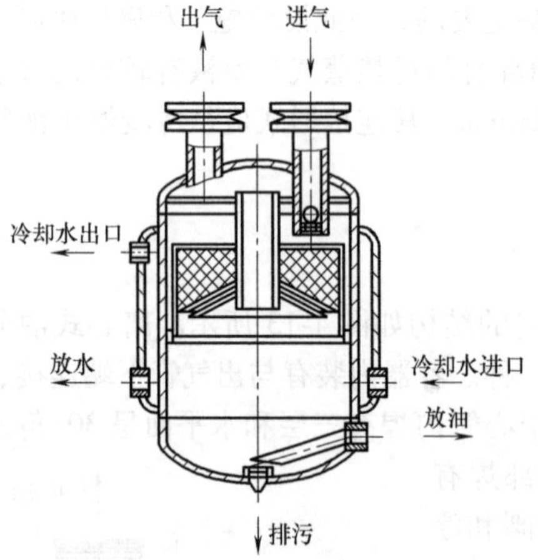

图4-14　氨用填料式油分离器的结构

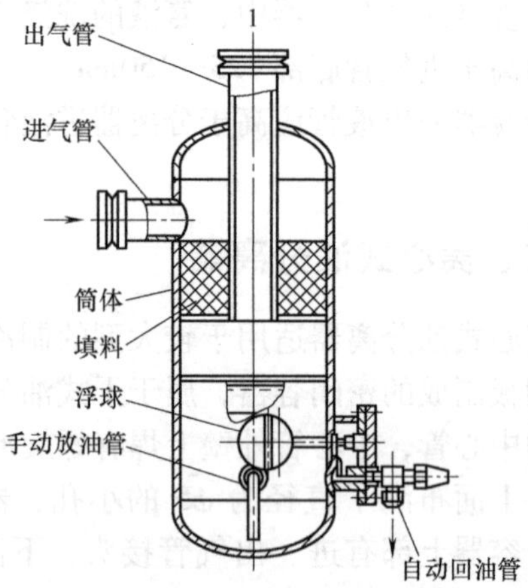

图4-15　氟用填料式油分离器的结构

填料式油分离器属于干式油分离器的一种，主要是通过降低蒸气流速、改变流动方向及填料过滤来分离出冷冻机油（润滑油），分油效果较好，可高达95%～98%。其结构简单，但填料层阻力较大，适用于大型及中型氨或氟制冷装置。

四、过滤式油分离器

过滤式油分离器多用于小型氟利昂制冷系统中，它也是干式油分离器的一种。过滤式油分离器的结构如图4-16所示。在钢板制成的密闭容器上部有进、出气管接头，下部有回油手动阀和浮球自动控制回油阀管接头，与压缩机曲轴箱连通，进气管下端设有过滤层。

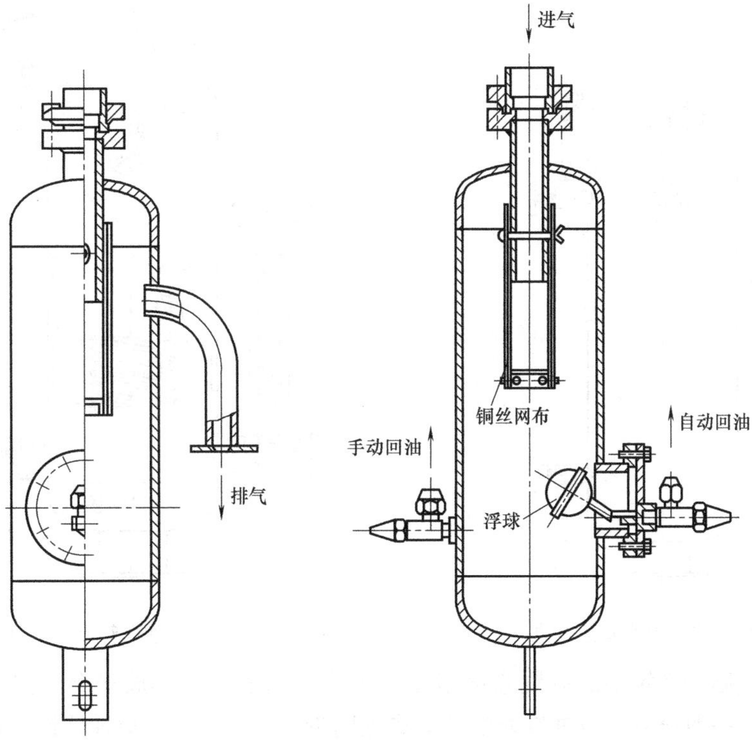

图 4-16　过滤式油分离器的结构

过滤式油分离器工作时，压缩机排出的过热蒸气从油分离器顶部的进气管进入筒体内，由于流通截面积突然扩大，流速减慢，再经过几层过滤网的过滤，制冷剂蒸气不断受阻反复折流，将蒸气中的冷冻机油（润滑油）分离出来，积聚在油分离器底部，到达一定高度后由浮球自动控制回油阀或手动回油阀在压缩机吸、排气压力差的作用下送回压缩机曲轴箱中。分油后的制冷剂蒸气由上部出气管排出。过滤式油分离器虽然分油效果不如前三种好，但因结构简单，制作方便，回油及时，故在小型制冷装置中应用相当广泛。

五、集油器

集油器是氨制冷系统中收集从油分离器、冷凝器、贮液器、中间冷却器、蒸发器和排液桶等设备放出的冷冻机油的设备。集油器是用钢板焊制的圆筒形密闭压力容器。容器顶部焊有回气管接头，与系统中氨液分离器或低压循环贮液器的回气管相通，用作回收氨气和降低集油器内的压力。筒体上侧有进油管接头，与油分离器、冷凝器、贮液器、中间冷却器、蒸发器和排液桶等设备的放油管相接，各设备放出的油由各自的放油管单独进入集油器。集油器下侧设有放油管，以便在氨蒸气回收后，将集油器内的油放出。集油器上还装有压力表和玻璃液位指示器，用以观察，便于操作。放油前为了加快冷冻机油中氨液的气化回收，通常采取顶部淋水器向集油器淋水加热的方法，即顶部淋水式集油器（图 4-17），或者在集油器内装置加热盘管，即加热盘管式集油器（图4-18）。

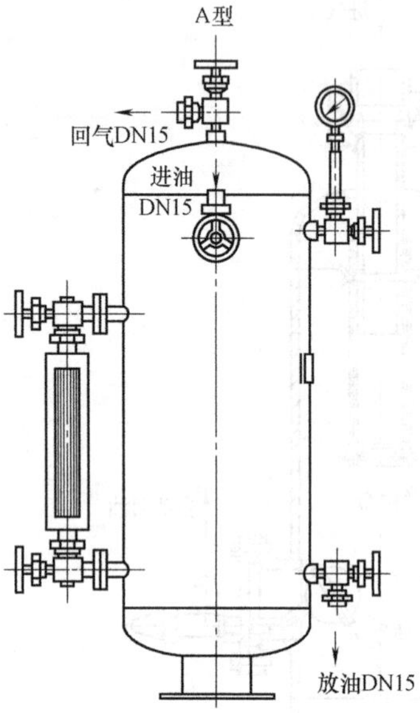

图4-17　顶部淋水式集油器

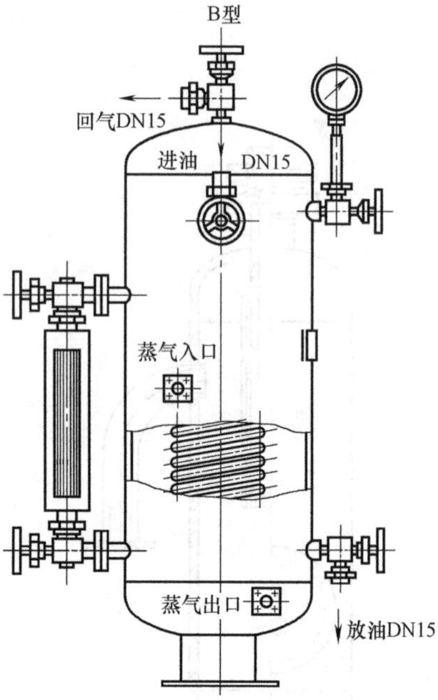

图4-18　加热盘管式集油器

集油器在氨制冷系统中的设置应根据冷冻机油（润滑油）排放安全、方便的原则。高压部分的集油器一般设置于放油频繁的油分离器附近，低压部分的集油器设置在设备间低压循环贮液器或排液桶附近。

课题三　空气分离器

【知识要点】

1）了解空气分离器的种类

2）掌握其基本构造、工作原理及特点

【相关知识】

空气分离器是一种空气分离设备，用于清除制冷系统中的空气及其他不凝性气体，起净化制冷剂的作用。

由于高压贮液器液面的液封作用，制冷系统中的空气和其他不凝性气体通常积聚在冷凝器和高压贮液器的上部，因此空气分离器一般设置在制冷系统的高压设备附近。

常用于氨制冷系统的有卧式套管式空气分离器和立式盘管式空气分离器两类。

一、卧式套管式空气分离器

卧式套管式空气分离器是由四根不同直径的无缝钢管套焊制成，如图4-19所示，其中内管1与内管3相通，内管2与外管4相通，外管4通过旁通管与内管1相通。在旁通管上装有节流阀。空气分离器的四根套管皆有管接头与各自有关的设备相通。

卧式套管式空气分离器工作时，从高压贮液器来的氨液经供液节流阀节流后进入空气分离器的内管1和内管3中，低温氨液吸收管外混合气体的热量而气化，经内管3上的出气管去系统氨液分离器或低压循环贮液器的进气管。自冷凝器和高压贮液桶来的混合气体，通过进气管进入空气分离器的外管4和内管2腔中，受内管1、3腔中的低温氨液的冷却，混合气体中的氨液凝结成液体而与不凝性气体分离。凝结的氨液积聚在外管4底部，当氨液积聚到一定量时，关闭内管1上的供液节流阀，开启旁通管上的节流阀，由旁通管供入内管1作继续蒸发吸热用。而空气和其他不凝性气体经内管2上的出气管阀门缓缓排至盛水的容器中。可以从水中气泡的大小、多少、颜色和声音判断空气是否放尽及空气中的含氨量多少，以便控制。安装卧式套管式空气分离器时，将空气分离器稍向后端倾斜，使凝结的氨液能积聚在外管4的后半部，便于从旁通管流出。卧式套管式空气分离器的分离效果较好，操作方便，应用较广。

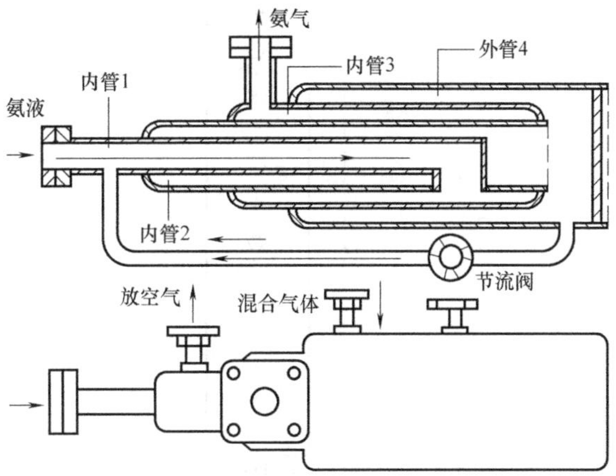

图4-19　卧式套管式空气分离器的结构

二、立式盘管式空气分离器

立式盘管式空气分离器的结构如图4-20所示，它是用钢板卷焊成的圆筒形密闭容器。容器内有一组蛇形盘，容器上部有抽气管和温度计插口，筒体上有混合气体进气管和放空气管，下部有进液管。进液管与筒体下部连有旁通管，旁通管上有节流阀。

立式盘管式空气分离器工作时，从高压贮液器来的氨液经供液节流阀节流后自空气分离器下部的进液管进入蛇形盘管内，吸收混合气体的热量而气化，经抽气管通向低压循环筒的回气管。由空气分离器中部进入的混合气体被冷却后，氨液凝结为液体而沉积于容器底部，当氨液积聚到一定量时，关闭供液节流阀，开启旁通节流阀，由旁通管将氨液供入盘管继续气化吸热。分离出来的空气与其他不凝性气体由空气分离器筒体上的放空气管通过盛水容器放入大气。

三、自动放空器

自动放空器是采用立式盘管式空气分离器加装自控元件（如温度控制器、电磁阀等）组合而成的空气分离器，其结构及自控原理如图4-21所示。

从贮液器来的氨液经节流降压后送入空气分离器冷却盘管中吸热气化，气化后氨蒸气由空气分离器的抽气管排出，其供液量由热力膨胀阀控制。混合气体进入空气分离器后放热，

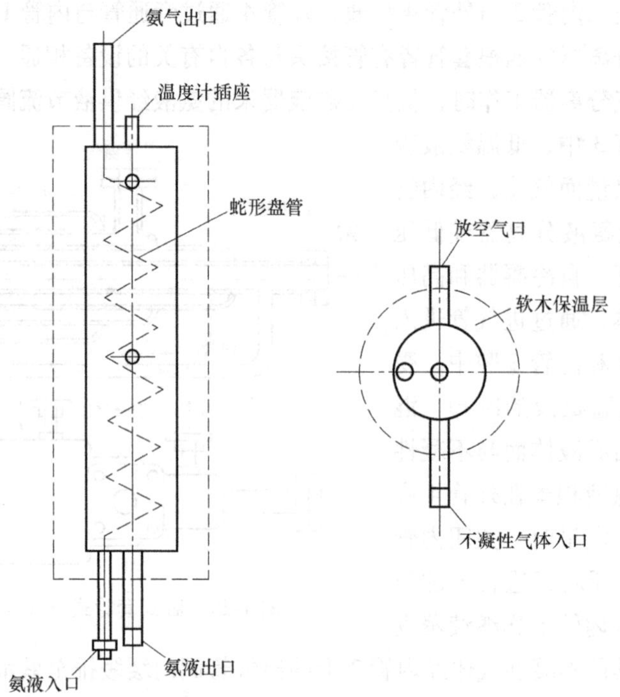

图 4-20　立式盘管式空气分离器的结构

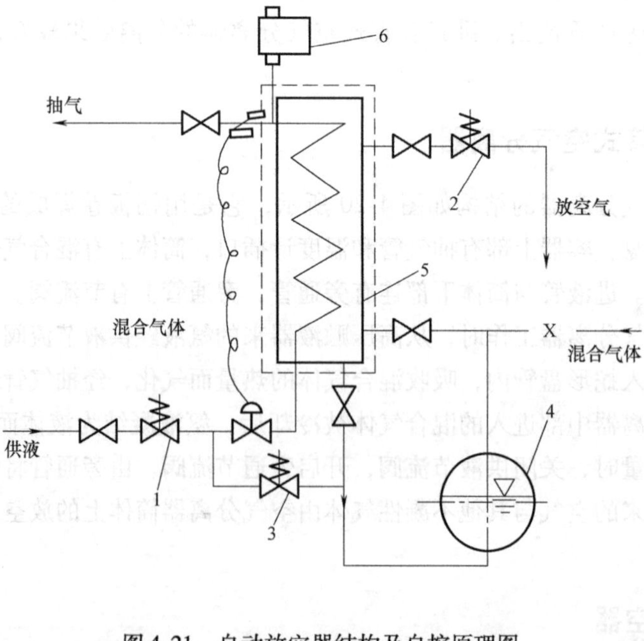

图 4-21　自动放空器结构及自控原理图

1—供液电磁阀　2—放气电磁阀　3—旁通电磁阀　4—贮液器　5—自动放空气器　6—温度控制器

其中氨蒸气被冷凝为氨液并靠重力流回贮液器内或经旁通电磁阀 3 进入供液管，不凝性气体聚集于空气分离器中。由于不凝性气体的集聚量逐渐增加，其中的压力也逐渐升高，从而阻碍了后继混合气体的进入。再由于盘管中的氨液不断气化制冷，使得空气分离器内的不凝性气体温度降低。当温度降至12℃时，空气分离器上安装的温度控制器6动作，使放气电磁阀2通电开启，将不凝性气体排出系统。这时空气分离器内部压力降低，冷凝器或高压贮液器内的混合气体就会继续涌入空气分离器，使得空气分离器内的温度升高。当温度升至-8℃时，温度控制器再次动作使放气电磁阀2关闭，这样第一次放气过程结束。

自动放空气器的工作和停止由制冷压缩机控制。只有制冷压缩机运转，供液电磁阀1才开启工作。当制冷压缩机停机时，供液电磁阀1关闭。自动放空气器是在低温下工作，为了避免冷量的损失，其外壳应包保温层。为确保空气分离器内的冷凝液能顺利进入高压贮液器4，其安装位置一定要比高压贮液器桶体上表面最高处高出600mm以上。

课题四　其他辅助设备

【知识要点】

1）了解过滤器的种类，掌握其基本构造、工作原理。

2）熟悉干燥过滤器的种类，掌握其基本构造、工作原理。

3）了解安全阀、紧急泄氨的基本构造、工作原理。

【相关知识】

一、过滤器

过滤器用于清除制冷剂中的机械杂质，如金属屑、焊渣、氧化皮等，按用途可分为液体过滤器和气体过滤器两种。

（一）液体过滤器

液体过滤器一般装在调节阀或自动控制阀前的液体管上，以防止污物堵塞或损坏阀件。

1. 氨用液体过滤器

氨用液体过滤器分为直通式和直角式两种。直通式氨用液体过滤器结构如图4-22所示，其壳体由铸铁制成。壳体内部支座上装有1~3层网孔为0.4mm的细孔过滤网。过滤网下端有弹簧，下端盖加垫片后用螺钉拧紧。壳体上部有氨液进、出口。在安装时应确认主要液体流向，按照壳体所示的箭头来连接。

工作时氨液从进口流入，经过滤网清除杂质后由出口流出。使用一段时间后，应将过滤器拆下端盖拆开，取出滤网检查，根据污损情况清洗或更换。

直角式氨用液体过滤器的结构如图4-23所示，直角式的结构、工作原理与直通式基本相同，不同的只是进出口方向。直角式氨用液体过滤器与管道常采用螺纹联接。

2. 氟用液体过滤器

氟用液体过滤器的结构如图4-24所示，其壳体用无缝钢管制成，两端有拱形盖，拱形盖与壳体用螺纹联接，再加锡焊密封。盖上设有进、出液管，壳体内设有黄铜、磷铜或不锈钢制成的滤网。滤网装在过滤器的进口端。制冷剂液体经过滤器的进口端过滤网过滤后由出口端流出，滤网应及时拆下来清洗。

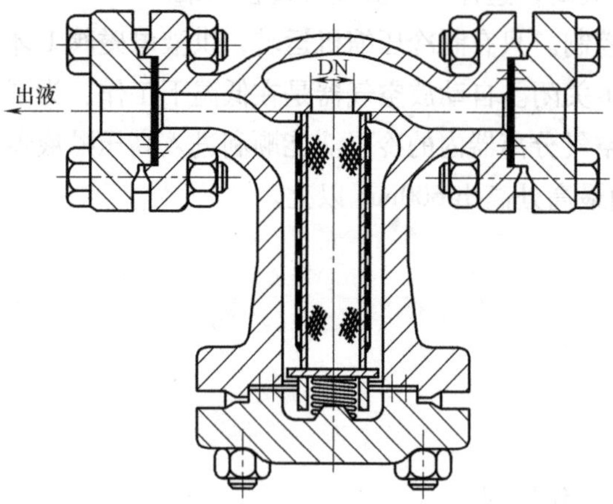

图 4-22　直通式氨用液体过滤器的结构

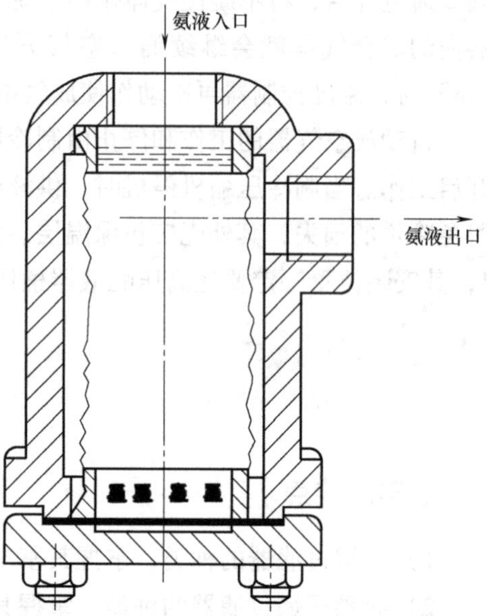

图 4-23　直角式氨用液体过滤器的结构

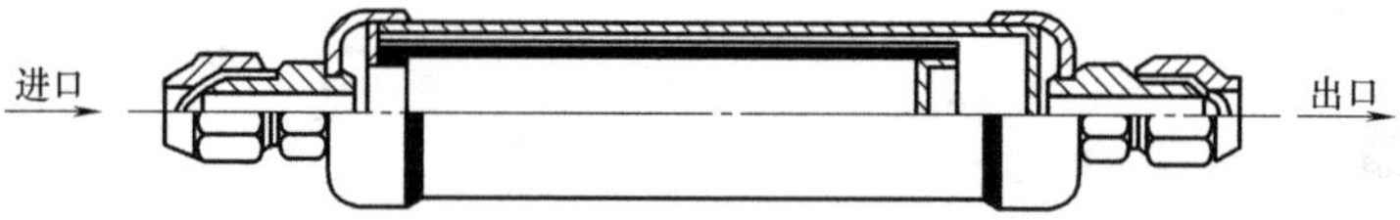

图 4-24　氟用液体过滤器的结构

(二) 气体过滤器

气体过滤器装在压缩机的吸气管路上或压缩机的吸气腔，以防止机械杂质进入压缩机。氨用气体过滤器的结构如图 4-25 所示，与液体过滤器类似，外壳用无缝钢管制作，内部有滤网，网目数与液体的相同。下部有可拆卸的端盖，壳体上有进、出口气管接头。安装时应按气流方向与系统吸气管连接，不可装反。

二、干燥过滤器

干燥过滤器用于氟利昂制冷系统中。在液体管路的节流阀或热力膨胀阀前设置干燥过滤器，既能清除制冷剂中的机械杂质，同时又能吸附制冷剂中的水分，防止节流阀或热力膨胀阀脏堵或冰堵，保护系统正常运行。

干燥过滤器的结构形式有许多种，图 4-26 所示的只是其中一种。这种干燥过滤器用一定管径的无缝钢管或者铜管制成，壳体内部的进、出口端设置有滤网，两滤网间的空隙装有干燥剂，氟利昂液体从进口流入，经滤网和干燥剂的作用，清除机械杂质和水分后由出口流出。

在制冷系统中常用的干燥剂有以下几种。

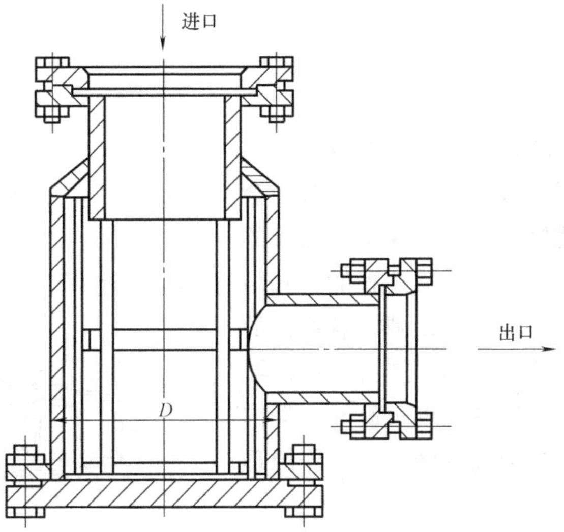

图 4-25　氨用气体过滤器的结构

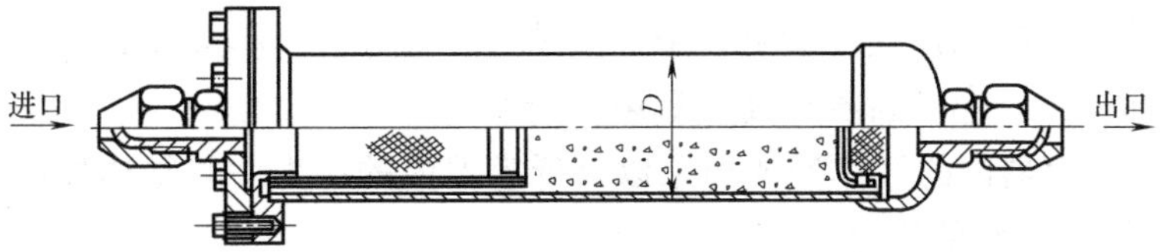

图 4-26　干燥过滤器

（1）无水氯化钙　无水氯化钙颗粒直径大于 8mm，呈白色，吸水性强，吸湿后被溶解成糊状，不能再生，很容易随制冷剂流入系统。因此只有在水分较多时，作为临时的定时干燥使用，一般一次使用时间约为 6～8h，最长不超过 24h。拆下调换时，以不成糊状为准。当水分减少后即应将其卸下，换上能较长期工作的其他品种干燥剂。无水氯化钙是通常采用的干燥剂。

（2）变色硅胶　变色硅胶呈颗粒透明状，颗粒直径为 3～5mm，吸水性能好。干燥时为晶莹蓝色，吸水后变成粉红色，所以称为变色硅胶。变色硅胶能在系统中较长时间使用，使用过的变色硅胶加热至 100～120℃左右脱水再生。变色硅胶价格便宜，使用方便，但单位质量硅胶的吸水量少。

（3）分子筛　分子筛对水的吸附能力较强，尤其在含水量较低、制冷剂流速较大时，分子筛仍具有较高吸附能力。分子筛的使用寿命较长，再生后仍可使用。分子筛的种类很多，不同品种的分子筛其孔径大小各异。对制冷剂 F12、F13、F22，常用 Ca5A 型分子筛作干燥剂，它呈白色球状或条状，颗粒直径为 5～6mm。使用前要经过活化，一般 A 型分子筛在常压下活化温度为 550℃，加热 2h 后，在干燥条件下冷却到室温。分子筛使用一定时间后会逐渐失效，要通过脱水再生后才能使用。再生条件是减压加热到 350℃ ±10℃，保持 5h，然后冷却 2h。它的缺点是价格高，使用前要进行活化处理，所以不如变色硅胶使用普遍。

三、压力保护装置

1、安全阀

安全阀一般装在制冷系统高压侧的各个容器设备上。当压力过高而超过其设定值时，阀门会自动打开，使高低压两侧连通，以保证压缩机的安全；或当高压容器内压力超过设定值时，阀门会自动打开并向外泄放制冷剂，以减小容器内的压力，达到保护设备的目的。也可装在冷凝器、贮液器、蒸发器上，以防环境温度过高时容器内压力过高而发生爆炸。安全阀的结构和工作原理如图4-27所示。

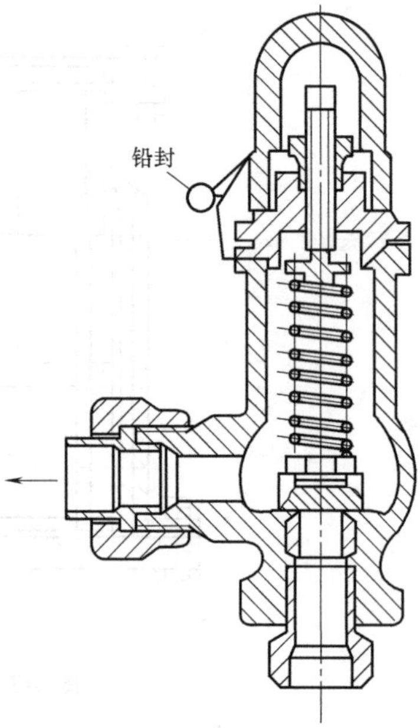

图4-27　安全阀的结构和工作原理图

2. 易熔塞

对于小型制冷系统或不满 $1m^3$ 的压力容器可采用易熔塞代替安全阀。易熔塞一般装在冷凝器上以防止制冷压缩机高压排气的影响，最好安放在气态制冷剂部位，当冷凝温度过高时低熔点合金的熔片熔化，使容器内的气体泄放出来以降低容器内的压力。其结构如图4-28所示，通常安装在冷凝器下方45°的位置。

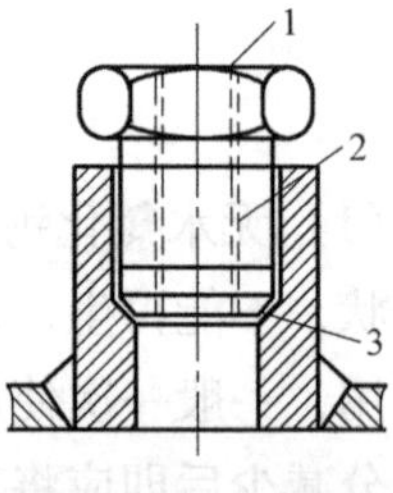

图4-28　易熔塞的结构图
1—螺塞　2—通孔　3—熔片

3. 紧急泄氨器

紧急泄氨器的作用是当发生重大事故或出现严重自然灾害又无法抢救的情况下，通过紧急泄氨器将制冷系统中的氨液与水混合后迅速排入下水道，以保护员和设备的安全。

紧急泄氨器设置在氨制冷系统的高压贮液器、蒸发器等贮氨量较大的设备附近，它的结构如图4-29所示。紧急泄氨器是由两根不同管径的无缝钢管套合而成，外管两端焊有拱形端盖制成壳体，内管下部钻有许多小孔，从紧急泄氨器上端盖插入。壳体上侧焊有与其成30°的进水管，壳体下端盖焊有排泄管，接到下水道。

紧急泄氨器的内管与高压贮液器、蒸发器等设备的有关管路连通，当需要紧急泄氨时，先开启紧急泄氨器的进水阀，再开启紧急泄氨器内管上的进氨阀门，氨液经过布满小孔的内管流向壳体内腔并溶解于水中，成为氨水溶液，由排泄管安全地排放到下水道中。在非紧急情况下，严禁使用此设备。

技能训练一　油分离器放油操作

一、目的与要求

停止油分离器工作，操作步骤正确，放油时制冷剂流出量很少。换油时，曲轴箱抽空和

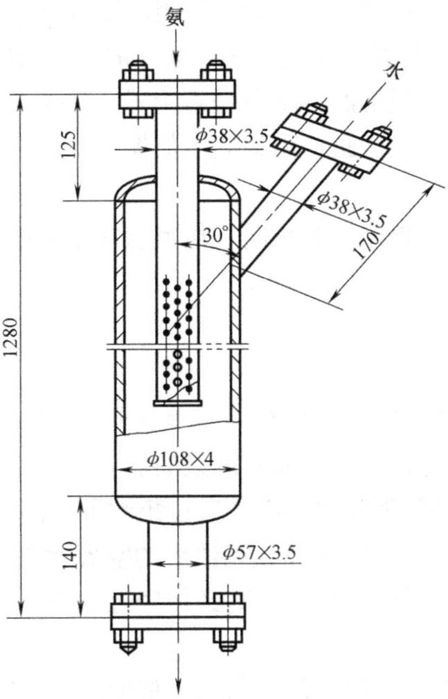

图 4-29　紧急泄氨器的结构图

阀门关闭正确，充油清洗，充注量准确，关闭阀门并在充注后抽真空。

二、实际操作

在氨制冷系统设计时，氨油分离器、贮液器、蒸发器、冷凝器、中间冷却器、气液分离器等设备均有放油管与集油器进油口相连。氨油分离器放油操作如图 4-30 所示，其步骤如下：

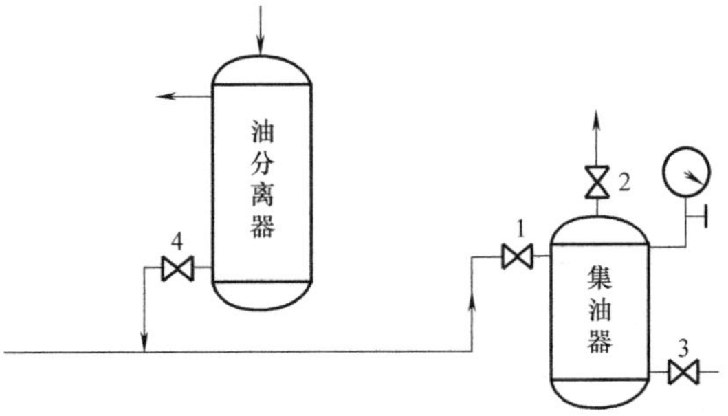

图 4-30　放油操作

1—集油器进油阀　2—回汽阀　3—放油阀　4—油分离器放油阀

1）停止氨油分离器工作。由于氨液比重小，油与氨液分离后下沉。

2）打开降压阀（回气阀），降低集油器压力，当与吸气压力相近时再关闭。

3）打开制冷设备放油阀及集油器进油阀。由于压差关系，制冷设备中的油及少部分氨进入集油器，把油放至集油器容量的2/3时，关闭制冷设备放油阀及集油器进油阀。

4）微开降压阀，排出集油器中的氨蒸气，氨气被冷冻机吸气管抽走，当集油器压力降至吸气压力时，关闭降压阀。视集油器压力是否上升，如果上升再微开降压阀；如不上升，可开启放油阀，放油结束关闭降压阀，使集油器仍保持待工作状态。这种放油法是在低压下进行的，所以比较安全。

其它辅助设备要放油时，程序与上相同。在氟制冷系统中，因氟与油互溶，通常没有放油设备。

三、放油操作注意事项

1）蒸发器等低压设备放油时，一定要停止其工作约30min，或更长一些时间，待蒸发压力上升，大于集油器压力时，才能把油放进集油器。

2）高压设备一般不允许就地放油，必须通过集油器放出，否则不安全。

3）放油前，集油器一定保持空状（放完油后的空罐状态）。

4）冷冻油放出之后，如果继续使用，则必须经过化验、过滤，并和新油按一定比例混合，才能注入设备使用。

5）放油时，如有阻塞现象，严禁用开水淋浇集油器，以防发生爆炸。

6）在放油抽氮过程中，从集油器结霜的位置，可以判断油位的多少。同时注意不要把氨液带进冷冻机汽缸内。

四、实训报告

<table>
<tr><td>班级</td><td></td><td>姓名</td><td></td><td>同组人</td><td></td></tr>
<tr><td>实训项目</td><td colspan="5"></td></tr>
<tr><td colspan="3">实训过程：</td><td colspan="3">示意图：</td></tr>
<tr><td>评价</td><td colspan="5">签　名
年　月　日</td></tr>
<tr><td>完成时间</td><td colspan="2"></td><td>实习成绩</td><td colspan="2"></td></tr>
</table>

技能训练二　干燥过滤器的更换操作

一、目的与要求

掌握干燥过滤器正确的更换操作方法，并了解它的特点。

二、材料工具、仪器与设备

锉刀、真空泵、压力表、气焊工具、干燥过滤器、割刀、氮气瓶等。

三、实训步骤

1）回收制冷剂。
2）把旧的干燥过滤器拆下，换新的干燥过滤器。
3）气焊连接。
4）抽真空。
5）打压试漏。
6）二次抽真空。
7）充注制冷剂。
8）运行调试。

四、注意事项

1）气焊焊接时必须做好安全保护措施。
2）压力表需正确使用，并检查接口端阀门是否有顶针。
3）干燥过滤器宜水平安装或者采用气流方向向下的垂直安装。
4）充注制冷剂时，应按正确步骤操作，注意采用二次抽真空。

五、实训报告

<table>
<tr><td>班级</td><td></td><td>姓名</td><td></td><td>同组人</td><td></td></tr>
<tr><td>实训项目</td><td colspan="5"></td></tr>
<tr><td colspan="3">实训过程：</td><td colspan="3">示意图：</td></tr>
</table>

评价	签　名 年　月　日		
完成时间		实习成绩	

单元小结

本章阐述了制冷剂的分离与贮存以及油的分离与贮存设备的结构特点、工作原理，空气分离器的结构特点、工作原理，过滤器、干燥过滤器、安全阀、紧急泄氨器的作用、结构。注意要区分制冷剂的分离与贮存以及油的分离与贮存设备的不同之处，掌握放油和放空气操作的特点。

习题

4-1　高压贮液桶的作用是什么？

4-2　气液分离器的工作原理是什么？

4-3　低压循环贮液器的工作原理是什么？

4-4　排液桶的工作原理是什么？

4-5　油分离器的工作原理是什么？

4-6　集油器集油时需注意什么？

4-7　空气分离器的操作是什么？

参考文献

[1] 李援瑛. 商用制冷设备结构、调试与维修技术 [M]. 北京: 机械工业出版社, 2013.
[2] 田国庆. 制冷原理 [M]. 北京: 机械工业出版社, 2002.
[3] 曾波. 制冷设备维修工 [M]. 北京: 机械工业出版社, 2011.
[4] 陈福祥. 制冷空调装置操作安装与维修 [M]. 北京: 机械工业出版社, 2002.
[5] 彦启森. 制冷技术及其应用 [M]. 北京: 中国建筑工业出版社, 2006.